柔性活体建筑

用另类视角审视生物学引导的实践

[英]雷切尔·阿姆斯特朗（Rachel Armstrong）著

甘　力　闫建斌　译

中国建筑工业出版社

Soft Living Architecture

An Alternative View of Bio-informed Practice

著作权合同登记图字：01-2019-3590号

图书在版编目（CIP）数据

柔性活体建筑：用另类视角审视生物学引导的实践 /
（英）雷切尔·阿姆斯特朗（Rachel Armstrong）著；甘
力，闫建斌译. —北京：中国建筑工业出版社，2023.2
书名原文：Soft Living Architecture: An
Alternative View of Bio-informed Practice
ISBN 978-7-112-28243-2

Ⅰ.①柔… Ⅱ.①雷… ②甘… ③闫… Ⅲ.①仿生材
料—应用—建筑设计—研究 Ⅳ.①TU2

中国版本图书馆CIP数据核字（2022）第240486号

Soft Living Architecture: An Alternative View of Bio-informed Practice by Rachel Armstrong.

数字资源阅读方法：
本书提供全书图片的彩色版，读者可使用手机/平板电脑扫描右侧二维码后免费阅读。
操作说明：扫描授权进入"书刊详情"页面，在"应用资源"下点击任一图号及对应页码［如图1.1（P15）］，进入"课件详情"页面，点击相应图号后，再点击右上角红色"立即阅读"即可阅读彩色版。
若有问题，请联系客服电话：4008-188-688。

责任编辑：段　宁　李成成
书籍设计：锋尚设计
责任校对：芦欣甜

柔性活体建筑

用另类视角审视生物学引导的实践

Soft Living Architecture: An Alternative View of Bio-informed Practice

［英］雷切尔·阿姆斯特朗（Rachel Armstrong）　著

甘　力　闫建斌　译

*

中国建筑工业出版社出版、发行（北京海淀三里河路9号）

各地新华书店、建筑书店经销

北京锋尚制版有限公司制版

北京云浩印刷有限责任公司印刷

*

开本：787毫米×1092毫米　1/16　印张：13¾　字数：272千字

2023年6月第一版　　2023年6月第一次印刷

定价：59.00元（赠数字资源）

ISBN 978-7-112-28243-2

（40601）

版权所有　翻印必究

我们的出发点和终点都不是提前靠逻辑预设好的。我们开始探索的
这个自然世界也并非由纯粹的、理性的逻辑所构建而成。我们所处的自
然界很丰富，其中包含着不同物质之间的各种盘根错节、共时性、诡异
事件、量子穿梭、时空中的异常现象、巴洛克的壮景、奇迹和赋能。

生物学从不同的角度使人为之振奋。有的时候会引导人从科学的角度对其进行解读，
但有的时候它又是那么怪诞和神秘，从而引发奇妙和发散性的联想。生物设计则是一门被
生物学现象和原理所启发的学科，它采纳一个现代化以及对生命系统的科学化认知，在这
个理解中，生命体被视为一个工业机器的宏观构架中较为柔性的一部分。因此，生物学所
启发的设计一般都具有理性、高效等特质，能做到功能与颜值并存；同时它们作为不同的
"物种"其占据的"生态位"也是非常独特的，往往都能满足某种特定的需求，或者解决
特定的问题。但是，这些设计也仅仅被生物学所启发，它们并不会反向地去创造一种新的
生命载体或者提供一种独特的生命观念。

生物学思维对于建筑设计来说非常重要，因为在漫长的岁月中，建筑被逐渐赋予了拟
人化以及生物形态的特征。的确，没有任何一张图像、一个载体或者故事能够统合，并让
所有对生命的认知达到完全一致。我们对生物学或者"生命"的常规认知是靠一系列概念
所构成的，这些概念反映了我们对特定属性或（生物学）活动方式的文化倾向性，但它们
并不能确切地指引出现象背后的本质。

当我们在描述"生命"这个词的时候，它不能被简单直接地理解为外在的客观表象，
而是其外表形式所难以触及的、脆弱而起伏不定的核心内在。如果在我们的时空中还有任
何一件令人厌恶，甚至要被彻底唾弃的事情，那就是我们过于陶醉于对外在形式的审美之
中而导致我们踌躇不前，而我们需要的就是那些曾经被绑在木桩上烧死的殉道者的勇气，
通过牺牲从而为整个世界打开新的"视界"。（Artaud, 1958, p. 13）

改变生命背后运作机制可以更改一系列与建筑有关的想法、设计的可能性以及社会属性，从而彻底颠覆我们对建筑这个事物的预想。从哲学思辨和方法论层面来说，《柔性活体建筑》是一部实验性的作品。它意图通过将生物物质（lively matter）和平行生物学（parallel biology）纳入生物王国设计作品的范畴，来开拓我们对生物世界的认知，超越已有的框架和定义。这些框架和定义，是现代生物学与相关现代综合（进化论）研究工具（tools of modern synthesis）形成的根基。通过容纳生物世界基本的奇异性，这部作品意图增加生命规则（protocolsof life），使人更为灵活地理解物种与生态位（niche）、物理与现实或者建筑与场地之间的关系。虽然这并不意味着一切皆有可能，但是可以不被现存的生物可能性范围所束缚，考虑通过增强物质性实现生命的连续性（life's continuum），并从其与非生物物质（"brute" matter）（Newton，2007）的机械相互作用的角度解释这种连续性。这部作品还包含了自然王国的时间概念。这里的时间不是一个将现实进行抽象化的几何概念，而是一个在高局域化状态下小尺度并且只对少量分子产生作用的物质演变过程。在这片沃土中，生物物质能够保持或增强其秩序。蒂姆·莫德林（Tim Maudlin）观察到，用来构建无方向性空间的标准代数几何将时间视为一种空间产物（artefact of space）（Musser，2017）。在这种情况下，要么没有任何改变，要么事件能被逆转。因此，柔性活体建筑中涉及的是Ilya Prigogine的"第三时间"（third time）概念。"第三时间"因具有不同的局域质可相互变化、相互渗透，没有明确的边界并且不可逆转的特质，从而为存在于时空中而非标准几何空间中的生物世界提供源源不断的创造力（Armstrong，In press）。

> 标准几何不是用于研究时空的，而是仅用于研究空间，且是没有方向性的空间……如果仅有空间维度，那么在我看来，宇宙中不会发生任何事情……物理学揭示了世界上一些极为奇妙的事物，但它没有说明改变是一种错觉……物质衍生、生产、解释并且来源于运作法则，其中，"运作"一词便具有这种时间特性。（Musser，2017）

《柔性活体建筑》是一个生态方案。其目的是充分探索用生物物质进行设计的可能性，使生物物质活跃于自然王国并让生命成为可能（详见第2.2章）。因此《柔性活体建筑》认为生物设计的起点是生命发生（vivogenesis）——使"惰性物质"（inert）转变为生物物质成为可能的系列事件。这套（平行）方法论来自一个思维实验的迭代。这个实验最初的提出者是斯蒂芬·杰伊·古尔德（Stephen Jay Gould），他以地质构造中积累的化石证据为出发点，揭示了以前未知的生物类型的加拿大落基山脉中的伯吉斯页岩，并提出了一个疑问——如果在生命起源后的任一节点重播生命的录像带（tape of life），生物学会有多大的不同。这个寒武纪大爆发（Cambrian explosion）的档案馆让他提出了另一个疑问，即如果生物生存在于另外的环境中，那么地球上可能存在多少种不同的生物。

我把这个实验称为"重播生命的录像带"（replaying life's tape）。想象一下，在确保把所有过往实际发生的事情都清除的情况下，按下倒带按钮，回到过去的任一时间和地点——比如说伯吉斯页岩海洋（seas of the Burgess Shale）。然后让生命的录像带重播，观察重播的结果是否和原来完全一致。如果每次重播结果都和真实的生命路径相似，那么我们必然会得出这样的结论，即真实发生的事情几乎必然发生。但是，假如所有的实验版本都产生了与真实的生命历史截然不同而又合理的结果呢？（Gould，1989，p. 48）

"重播生命的录像带"实验的目的是要检验基因在多大程度上决定生物学。如果某个生物的本质是由基因集中决定的，那么无论环境如何，它或多或少都会沿同样的路径进化。相反，如果生命的规则分布于其所在的环境，那么在重播的过程中，环境改变就会在生物发育过程中扮演重要角色。即便是微弱的环境变化，可能都会明显改变生物路径，（重播结果）甚至会令我们无法辨认。本书认为，尽管生命的某些特征在比如基因序列或同源框基因（homeobox genes）中高度保守，但是环境因素也显著影响演化过程，因此会引发偶然性或无法解释的现象。这就使得生物王国中具有不可预知性的平行模式成为可能，并且可能会启发人们找到不同于公认的生物路径或建筑类型的建造和居住建筑的另类方法。在本书中，关于平行演化生物设计例子的叙述将会以特定的字体表示，并且不会以正规引用的方式注明出处。如下：

这个胚胎岛屿，我们的原型城市，通过对潟湖丰富的化学成分、生物分子驻波、水记忆通道和复杂的溶质进行采样来了解世界。它不需要我们的允许就能进化，而是通过沙子的移动、水的流动和矿物的沉淀使事件自然发生。

这类描述往往超出当前我们对生物、材料性能、基础设施和交换网络的假设。设计实践通过以平行世界为原型的"世界化"（worlding）过程响应这些变量的排列组合，以便对这些排列组合进行质询——莱伯斯·伍兹（Lebbeus Woods），列昂纳多·达·芬奇和阿尔布雷特·丢勒等都曾应用过这一技术。

在他们的艺术作品中，他们都极富野心地设想了一个完整的生物世界。其中，人与自然不是通过某种符号而是通过丰富的差异和多样性实现了互相依赖和统一。对于达·芬奇来说，绘画（drawing）是他分析生命世界现象的主要方式，而油画（painting）是综合。在此，我所指的分析并不是简单地将某个被观察或实验的事物进行"拆分"，也不是"将不同的东西拼在一起"进行组合。达·芬奇通过类推进行分析——他不是通过剖析一种现象，把他所认为的构成成分分开，而是在一幅画中创造了一个平行世界，一个模拟现实的世界……达·芬奇以这种分析方式预测了未来的发展——他创造了一个揭示了自然界隐藏结构的假想世界。这些分析使达·芬奇创造了蕴含持久概念之力的独具匠心的油画……不经意间构想出颠覆常规的建筑，这与我们自己所处时代的精神非常接近。（Woods，2010a）

生物设计的平行方法利用了生物学的新颖性、逆反性、畸形性（一种无法归入正式分类系统的存在）和快速的创新性。即使受到化学定律的束缚，这些能力也可以产生惊人的物质和时空规则，李欧·李奥尼（Leo Lionni）的《平行植物学》（*Parallel Botany*）（Lionni，1977）就是其中一例。

未知的植物王国中的第一个平行植物的发现在本质上是任意且不可预测的。这个发现似乎挑战了并且仍在挑战绝大多数近期获得的生物学知识和传统的逻辑结构。"这些有机体"，佛朗哥·鲁索利（Franco Russoli）写道："它们的物理属性有时松弛（flabby），有时多孔（porous）。在其他时候，其物理属性则是骨化而易碎（osseous but fragile）的，似乎在与柔软但难以穿透的外皮做斗争，最终裂开并露出巨大的种子或球茎，并盲目期望着能在生长和发酵中产生巨大改变。这些反常的生物有坚硬或粗糙的突起。其纤维和雌蕊上有衬裙和短裙状结构并饰有条纹。节处有时是黏液，有时是软骨。这些生物很可能以一种模棱两可的、野蛮又迷人的奇异方式属于丛林植物的一个大家族。但它们并不属于自然界的任何物种，即便是最精湛的移植手法也不能将它们带到这个世界上来。"（Lionni，1977，pp. 4-5）

柔性活体建筑借鉴"世界化"的实践，探索一个特定的思想实验，即如果生命的基本建筑材料发生变化，即使仅仅是生命起源后的任一时间节点的一个小变化，在平行世界中，那些不被认为活着的基质也有可能变得生气勃勃。因此一个生物设计的平行观点提出了一种建筑可能性，即利用生物材料和与生命科学起源相关的生物技术（living technology）建造具有生命相似性能的建筑。

　　威尼斯城——La Serinissma，最静谧的共和国——是本书中对平行世界观进行原型化时的主要实验环境。为了与亚里士多德（Aristotle）将都市作为有机体的想法（Mayhew，1997）保持一致，我们将不断流动的物质、人和梦想都与城市的潟湖基础设施整合为一体。潟湖基础设施就像一个循环系统，或者羊膜囊（amniotic sac），是生长、发育和蜕变的平台。通过实验建筑技术，探索将设计与生物世界联系起来的概念、工具、材料和方法。同时，与阅读《看不见的城市》（Invisible Cities）（Calvino，1997）一样，读者会邂逅另类的威尼斯画像，好像每次都在体验一个新的城市。威尼斯的重新演化并不局限于有机体而是延伸到了城市的建筑结构——比如约翰·罗斯金（John Ruskin）（Ruskin，1989）所提到的华美建筑"石"。因此，这个平行威尼斯逐渐变得类似生命，成为一种能够发生超出我们对大自然现有预期的神秘蜕变的超现实生物。这座虚构的城市具有森林属性 ——一个具有自我调节功能的阈限环境（a liminal environment that possesses innate agency），充满了生命并且从来不是完全理性化的。

　　这些平行威尼斯画像包含不确定性，并且在不断地展开和变化。本书会通过一系列的实验媒介，比如生物技术、叙事画像、构建原型和搭建设施来呈现这些威尼斯画像。这些画像使生物王国的真实性、可能性以及预期性得以并存。这种不清理场地的挑衅行为会引发进一步的问题，会让读者感到强烈的疑惑、诱惑、厌恶和愉悦。这些画像预示着一种新兴技术即生物砖块的到来。这种砖块不仅具有类似生命的材质，也改变了生物空间和生境的本质。当然，因为生物的存在影响其材质的响应方式及空间形成，所以栖居对于柔性活体建筑的发展是至关重要的。在感应层面如此迅捷和敏感的材质就自然而然引出了伦理层面的问题，而这些问题则可以在平行演变的实验中通过设置设计规则进行进一步的探索。

　　从功能角度来看，柔性活体城市是可以和巴别塔（Babel）进行类比的——巴别塔是一个在"创世纪"中所提及的远古城市，通过新兴科技的推动从而向神权发起挑战，这个城市因此而获得了繁荣。但这个城市也因此被诅咒，不同的人群之间派生出很多种不同的语言，之后他们之间便不能顺畅沟通。城市的人群之间也因此产生了误解和分歧，直至整个城市分崩离析。在那个全世界的环境都处在复杂变化的时代里，巴别塔的状态背后所代表的远不止其自身的问题，而是整个世界的生态特质。这个巴别苍穹（Babelsphere）希望打造出一套主观的人造系统，而并不是去遵循整个世界大环境的系统性和谐，也正因如此，不同的文化之间也产生了隔阂，从此各分东西。如果我们真的要让巴比苍穹的独立空间机制生效的话，那么就要设立一套更为灵活的空间规则。而这套规则是有可能通过构建一个虚拟世界的建筑性实验来达到，它的目的就是要改变我们现有的居住模式，将其转化为一个相互有机共生的过程，从而在多个不同版本的未来中改善我们所生活的世界。

为了检验世界建构是否能作为一种潜在的设计准则制定方法，一系列实验性的尝试是必要的。需要保证编排和占据空间的方式足够严谨，而不仅仅是理查德·莱文丁（Richard Lewontin）所说的那种"刚好"（just-so）具有科学（生物学）性质的故事，那么就可以开发实验性原型进行探索的研究，而这些原型可以被视为不同环境定律的化身。

尽管在底层的建构层面具有一些荒谬性，尽管那些对生命和健康的华丽承诺都没有得到兑现，尽管科学的社群竟然能够接受那些未被证实、论据不严谨的"刚好的故事"（just so stories），但我们还是站在科学这边，因为我们有一个极为重要的承诺，我们对唯物主义（materialism）的承诺。我们之所以能够认可并接受科学对世间万象的物质化的解释，并不是因为它的方法和教义，反而是因为我们对物质材料背后的本质规律有执着的追求。因此无论结果是多么反直觉，无论做出来的东西让外行人感到多么不解，我们都不得不去创造一个调研的仪器，同时建立一套概念来指引我们的工作，从而生成我们自己对材料的理解。（Lewontin, 1997）

柔性活体建筑，"平行"威尼斯以及巴别苍穹这些项目超越了有机美学及遗传算法，并将生物学与世界创建的过程完全连接起来。它们都会对生命物质的属性、标签与环境进行探测，并且要比独立的生物学和基因学研发要走得更远，从而打造一种对现实世界的另类思考，而这种思考的角度是新唯物主义论（new materialism）的原则所倡导的。然而，物质的来源不是细胞，而是"耗散系统"。这些"自相矛盾"的物体在自然界中自发地出现，是持续的物质和能量流动的表现，并可被识别为像漩涡一样的涡流。它们表达了生命本身激进、生成、流动和高度定位的特性，并提出了超越经典世界观的建筑。这对建筑环境来说是一个必要的论述，它通过处理生命体的位置以及特定地点的特殊性，站在第一原则的角度上与生命世界打交道。

本书的涉及面比较广，让读者沉浸在一个由一系列简短的平行世界呈像以及原型所构建出来的世界当中，让我们去观察自然世界演变的另外多种可能性。通过将各类有价值的线索牵引结合，打造一种与当今生物设计不同的门类。本书意在建立一种对物质的认识更为宽广的视角，并用生物科技、生态学、建筑学、天文学系统、计算机科学、营养学、肥料学以及环境影响等不同的方式将这个视角进行呈现。

本书意图提炼出有价值的概念、材料、方法、技术仪器、原型以及装置，通过它们去拓展生物设计的可能性，并且建立一套灵活准则，让我们可以从生命的角度去诠释我们的时空。柔性活体建筑需要跨界学科的介入和整合，通过制造柔性活体建筑的原型去实现真实世界中的巴别苍穹。尽管上述的工作可能并不能解决我们现实中的迫切问题，但它的目标更多是为了拓展我们工作类型的广度，带来一套与自然环境更加和谐的设计作品系列——直到有一天，当我们在建设的时候不再需要考虑它会带来多少能源消耗和环境破坏，而是每一栋新建的建筑都能实实在在地改善其所在的土壤质量以及我们整个生态环境。

目录

序言	III
插图清单	XV

1 未知的生命 / 1

1.1	生命的原型	2
1.2	超越动物机器	2
1.3	重播生命的录像带	3
1.4	平行世界	5
1.5	物质的本质	6
1.6	矿物质的敏感性	7
1.7	生命起源	9
1.8	生命起源与生命发生	11
1.9	耗散性生命	12
1.10	耗散性适应	14
1.11	生命的幻觉效应	14
1.12	将生命看作是材质的颠覆	16
1.13	人造自然	16
1.14	鸡生蛋与蛋生鸡：生命物质的悖论	17
1.15	世界化	18

2 实验性建筑和柔性活体建筑 / 21

2.1	实验性建筑	22
	2.1.1 21 世纪的实验性建筑	23
2.2	柔性活体建筑	24
	2.2.1 柔性活体建筑中的"生命"特质	25
	2.2.2 柔性活体建筑：案例	26
	2.2.3 柔性活体建筑：躯体	30

2.3　故事叙述　31

2.4　环境诗学　33

3

瓦解中的世界

/ 35

3.1　乌托邦的结束　36

3.2　巴别塔　37

3.3　巴别苍穹　38

3.4　自然的特征变幻莫测　38

3.5　自然的本质　40

3.6　威尼斯的自然　42

3.7　死亡的盛宴　44

3.8　分离　47

3.9　设计与死亡　48

3.10　城市（畸态）瘤　49

3.11　暴动与死亡　50

3.12　地下水道　51

4

合成：纠缠的材质、工具和方法

/ 53

4.1　自然作为科技　54

4.2　计算的模式　56

4.2.1　计算与人类　58

4.2.2　自然计算　59

4.2.3　耗散性结构　60

4.2.4　意识和活性物质　62

4.3　柔性　65

4.4　制造土壤　68

4.5　液态土　71

4.6　冷冻计算机　72

4.7　气雾剂（气溶胶）　73

5

拥抱改变

/ 75

5.1	编排	76
5.2	评估	77
5.3	替代性影响	79
5.4	替代性方法论	80
5.5	替代性实验	82
5.6	生产力作为一种价值	83
5.7	替代性的建筑	83
5.8	平行仪器	85
5.9	建筑师的替代性角色	88

6

实验与聚合

/ 91

6.1	巴别鱼	92
6.2	充满柔性的威尼斯城	93
6.3	威尼斯的活化石	94
6.4	威尼斯人的自动化棋牌	95
6.5	隐形能力	97
6.6	隐形实验室：一个另类的合成平台	99
6.7	星质	100
6.8	水母	102
6.9	触感仪器	102
6.10	遗失的音乐：安东尼奥·维瓦尔第	105
6.11	绑定和打结	106
6.12	幻象实验室	108
6.13	可感知的沉浸式万花筒	110

7

原型实践

/ 113

7.1	平行之美	114
7.2	平行土壤	116
7.3	泥人	119
7.4	威基瓦切的美人鱼	120
7.5	女巫瓶	122
7.6	歌革和马戈	125
7.7	声音漫步	127
7.8	地与民	128
7.9	镜面水洼	131
7.10	道格兰：不确定性、预言和近海经验	132
7.11	巴别吊灯	136
7.12	对应宇宙	136

8

项目

/ 139

8.1	活体建筑项目	140
8.1.1	微生物燃料电池	141
8.1.2	光合反应器	141
8.1.3	合成生物学反应器	141
8.1.4	集成与使用	141
8.2	砖的分化	143
8.2.1	柔性砖	144
8.2.2	胚砖	145
8.2.3	七鳃鳗鞋：血库	145
8.3	程序化砖	146
8.3.1	为威尼斯而造的活性砖	147
8.3.2	滴定拉力：臀和牙	149
8.4	威尼斯的转变	152
8.4.1	柔性活体建筑之城	153
8.5	未来威尼斯	156
8.5.1	原细胞之城	157

8.5.2　未来威尼斯 Ⅱ　　　　　　　　　158

8.5.3　梅尔玛·维德：无用之物的岛屿　　160

8.6　活体墙　　　　　　　　　　　　　161

9

性能表现

/ 165

9.1　珀耳塞福涅：建立巴别苍穹生态圈　　　166

9.2　珀耳塞福涅：建构平行世界的器具　　　166

9.3　珀耳塞福涅：非线性阶梯的诱惑　　　　168

9.4　珀耳塞福涅：命运相交的胶囊

　　　（被悬挂之人像）　　　　　　　　　170

9.4.1　讲解　　　　　　　　　　　　170

9.4.2　内置生态圈瓶子　　　　　　　170

9.4.3　被悬吊的人像　　　　　　　　171

9.4.4　针织恋物情节　　　　　　　　171

9.4.5　斐波那契序列　　　　　　　　172

9.5　巴别苍穹/生态圈：居住在崩溃当中的世界

　　　（极端马戏团）　　　　　　　　　172

结语　　　　　　　　　　　　　　　　179

专业术语　　　　　　　　　　　　　　181

参考文献　　　　　　　　　　　　　　188

图1.1　原生细胞幻觉效应（Protocell Phantasmagoria）：一个另类生命起源的画像。这幅画由西蒙·费拉西娜（Simone Ferracina）绘制，但来源于雷切尔·阿姆斯特朗（Rachel Armstrong）提供的一部动态滴液的短片，2016年

图3.1　在潟湖中，一个由石块砌成的海滩进入了水流的系统当中，它与垃圾堆混在一起，形成了一块奇怪但却没人占据的领地。绘图由雷切尔·阿姆斯特朗和西蒙娜·费拉奇纳提供，意大利，威尼斯，圣阿尔维塞，2015年9月

图4.1　烧石膏熔浆的滴液穿过三组不同的液态界面：橄榄油、邻苯二甲酸二乙酯（DEP）、丙三醇（层次依次从上往下），记录随着它们的跌落而变形的表面。最终呈现的形态展现了物质自身的适应力和重组能力，而这支撑着柔性活体建筑的动态框架。在本次实验中，物质的柔性与"硬质"的晶体结构起到了相互平衡的作用，食用盐就是这种情况。这可以被看作是粒子产生了一场液体轨迹风暴，其中的食物颜色显示了水分子在透明的油状介质中沿着晶体的运动，而且并没有通过液体界面的下降而改变。照片由雷切尔·阿姆斯特朗拍摄，纽卡斯尔大学，2016年2月

图4.2　《丝绸之路》探讨了一种建筑结构，通过加入生与死的网络中，使土地和社会在生态繁荣中得以再生。数字化图像由伊莫金·霍尔登（Imogen Holden）和阿西亚·斯特凡诺娃（Assia Stefanova）在2016年绘制

图6.1　被激活的凝胶是一道具有化学潜力的风景。随着盐梯度在这些地形中扩散，它们就变成了胚胎体，它们的卷曲和折叠为材料的表现创造了新的空间。照片由雷切尔·阿姆斯特朗提供，纽卡斯尔大学，化学外延实验室，2015年2月

图6.2　在运河水面上跳动的幻影光符号被刻录在漆黑的生物膜上，从而捕获到了维瓦尔第所遗失的音乐，在新陈代谢的绽放中，详细地记录了威尼斯"活体"石的物理变化。照片由雷切尔·阿姆斯特朗所提供，威尼斯，意大利，2016年11月

图6.3　化学场域的符号产生的复杂结构，在液体层之间的界面不断运作，而这些符号则

可以被解读为一系列"马戏团"的个体。这些个体在激活的化学场域之间穿梭，并产生让人意外的痕迹和转变。照片由实验建筑组（Experimental Architecture Group）［EAG：雷切尔·阿姆斯特朗，西蒙·费拉西娜和洛夫·休斯（Rolf Hughes）］提供，纽卡斯尔大学，2017年5月

图7.1　让人惊悚的非洲面具、网球拍、靴子和柔软的玩具悬挂在希普顿修女之井石化的水面上。照片由雷切尔·阿姆斯特朗提供，克纳雷斯伯勒（Knaresborough），约克郡，2012年

图7.2　男女的雕像不断吸引物质的流动进入它们的身体当中，因此它们的躯体成为肥沃的场地，并激发着能够在水与陆之间进行转换的生命形态的殖民，因此也使得这片场地能够应对侵袭的潮水。（由雷切尔·阿姆斯特朗所创作的艺术品："泥人"，2016年4月，陶瓷，50厘米×20厘米×15厘米，佛罗里达，卡普里瓦，罗伯特·劳森伯格基金会，有场地针对性地装置作品。）相片由雷切尔·阿姆斯特朗提供：佛罗里达，卡普里瓦，罗伯特·劳森伯格基金会，2016年5月

图7.3　一系列女巫瓶子具有不同的主题，包括从当地的巫术实践中所提取的气、水和火等元素，并利用它们去尝试建立一套具有场地针对性的保护符来保护劳森伯格的产业，同时引发如何应对气候变化破坏性后果的战术对策的对话。（由雷切尔·阿姆斯特朗所创作的艺术品：玻璃瓶，沙，贝壳，指甲，玻璃，以及一些零碎的搜罗物品，2016年4月，75厘米×50厘米×50厘米，罗伯特·劳森伯格基金会占有地，卡普里瓦，佛罗里达。）照片由雷切尔·阿姆斯特朗提供：罗伯特·劳森伯格基金会，卡普里瓦，佛罗里达，2016年5月

图7.4　月亮留痕：一轮渐亏的半月在鱼屋周围的海湾表面上照映着。照片由雷切尔·阿姆斯特朗提供，由艾普尔·罗德米尔（April Rodmyre）进行数字编辑：佛罗里达州，卡普里瓦，罗伯特·劳森伯格基金会，2016年5月

图8.1　多种类生物反应器设计或者说用于建造"活体建筑"的"砖模块"。图纸由西蒙·费拉西娜提供，2017年1月

图8.2　活性砖科技原型：威尼斯砖（作为单一单元以及阵列）已经被加工并且在结构内部形成微生物燃料室，从而能够产生足够的电力来操作数字温度计显示器。照片由活性建筑联合体（Living Architecture Consortium），西英格兰大学（University of the West of England），布里斯托生物能源中心（Bristol BioEnergy Centre）提供，2016年

图8.3　在一个紧邻Campo San Stefano（地名）的威尼斯里约（威尼斯的一个地区）中

的活性砖。根据前四十层砌砖，回应一个自然计算机程序"打击卡"，一个电缆和支柱的系统，可以有选择性地促进本地海洋野生动物的生长。照片由马修·沙曼-海尔斯（Matthew Sharman-Hayles）提供，2017年

图8.4 一幅镶嵌图案，讲述着一次有关于心理地理学的城市漫步中，通过穆拉诺玻璃吊灯珠的镜头观察到的空间体验，它揭示了以前隐藏的动态建筑元素和平行地貌。由西蒙·费拉西娜提供的平面设计：照片由雷切尔·阿姆斯特朗提供，意大利，威尼斯，2016年12月

图8.5 通过水渠中的倒影进行窥探，通过被转化过后的窗框细节，观察一块未来威尼斯的碎片。照片由雷切尔·阿姆斯特朗提供：威尼斯，意大利，2015年7月

图8.6 背景：在第五十六届威尼斯双年展——维塔维塔展览中，为IDEA实验室而安装的八个水箱；用当地生物膜培育的塑料以生产"活性"生物塑料复合材料。前景：生态逻辑工作室的"智能"西兰花，藻类"大脑"和传感器。照片由雷切尔·阿姆斯特朗与艺术策展人以及IDEA实验室协力提供，威尼斯，2015年5月

图8.7 一个为响应唐纳德·特朗普之墙（Donald Trump's wall）的号召所开发的活体墙的概念，这个概念也在寻求潜在的承包商。图纸由西蒙·费拉西娜提供，2017年

图9.1 暗黑占卜马戏团：米西宁·旺特拉康和亚历山大·戴姆（体操员）参与到以暗镜和反光镀银表面为中心的实验表演当中，其底部有摩擦，可以用滑轮系统上下移动。照片由雷切尔·阿姆斯特朗提供，巴黎东京宫，2016年4月8—10号

图9.2 随着在胶囊内部的热量元素逐渐消散，温度骤降至-40℃——等同于水星上的温度。两只蟑螂依然在极端的环境条件中存活。影像静帧来自于《平流层气球飞行》——一部由雷切尔·阿姆斯特朗与星云科学（Nebula Sciences）合作提供的影片，2015年8月

未知的生命

在进化生物学的一项著名思想实验中，古生物学家斯蒂芬·杰·古尔德指出：如果我们重播生物进化的录像带，那么结果会如何？他据此提出了随机变量在生命演化中所扮演的关键角色。在世界建筑设计的实践中，对于物种演化和生机勃勃的生命形态的认知与感悟也正在深刻影响该领域的发展。

1.1 生命的原型

从生命现象中汲取灵感的设计实践，其本质是对生命的一种哲学思考。这种哲思根植于文化和技术发展的科学世界观。长久以来，人们创造环境的初衷并不是为了打造一个机械化的世界，而是希望实现类似生命系统的状态，即促进生命与环境的呼应和强化有机美学等。在启蒙运动时期，生命体系通过几何学和计算机算法等数学语言进行了机械化描述，从而为更好地控制生命体系创造了可能性。这些机械化语言同样适用于指导非生物体系的运作，这类运作是根据外力（化石燃料、电力、计算机程序等）驱动的惰性几何对象的层次结构排序的。机械的运作原理（modus operandi）极其强大，并已经在我们的日常生活中得到验证。尽管我们对生态及有机美学的设计思维充满诉求，但实际情况是，机械论规律仍然主导着建筑环境。正如勒内·笛卡儿（René Descartes）所提出的动物机器（bête machine）的思想仍被认为是生物决定论的有力形式（Nicholson，2013）。

1.2 超越动物机器

尽管动物机器理论对于我们理解自然界有非常重要的推动作用，但它并不能完美地解释生命世界中的所有问题，尤其是它对环境因素的忽视。不但如此，它还将研究对象的一些与生俱来的属性和生命力排除在外，去掉了细微的性质变化以使其变得可测量，更具功能化和单元化。而现代建筑的理论基础正是从这种被剥夺生命力的模式中汲取灵感的，因为它们是由"无意识"的材料（"brute" materials）所构成的，这些材料从它们的来源所在和周围环境中获得了生机。但是，机器系统不仅仅是生命系统的抽象化模型，它们也可以通过个性化的工具集、机器人进行社交，甚至成为我们的同伴。它们无处不在的潜力和难以置信的力量已经得到充分证明，例如，得克萨斯州奥斯汀的月光之塔（Oppenheimer，2014）用人工夜间照明灯将整个城市照亮，这不但取代了月亮，并且还"增进"了月亮的照明功能。

　　当前，在人类对自然肆意破坏的年代里，我们迫切需要对人类自身进行细致入微的解读，并形成一种超越纯粹机械原理和逻辑的认知。以此而来的建筑设计，也不再只是单纯地消耗自然资源，更可能主动增强自然的生命力，比如说，将"废物"转化为可用的或能量丰富的物质等。柔性活体建筑即是通过审视生命的特性，以便让知识创建工具和建筑设计实践可以相应地扩展，建立起与自然和谐共生的关系。

1.3　重播生命的录像带

　　在许多方面，非同寻常的生命现象可能与动物机器的逻辑相矛盾。虽然生命本身也需要遵循物理定律，但这不等同于可以简单地用物理定律去预测生命。机器是一种确定性系统，而且它只能在一个相对平衡的世界中正常运作；而生命是概率性的，它存在于完全不平衡的系统中。机器对它们所处的环境不太敏感，但生命却与其周围环境密切相关。柔性活体建筑旨在伦理层面上改变现有建造空间的机械性规约，探索生态因素对建筑设计和寿命周期的影响。它将对建筑领域产生深远影响，所以有必要开展以设计为主导的原型设计实验，并通过它来批判性地探索如何在建筑设计中运用古尔德的重播生命录像带的概念（Gould，1989，p. 48）。这个思想实验设想在生命起源的任意时刻重新开启进化过程，从而思考随后的生命形式是否还会演变成我们今天所认识的样子。该思想实验是基于生命领域持续进行的二元论辩论——到底是环境条件还是像基因这样的先天条件在生物演化中扮演着更加重要的角色，特别是在人类智力进化方面。

　　当我们将生命演化的影带从伯吉斯页岩时代（Burgess Shale）的早期阶段开始重播，你会发现一旦重新播放，诸如人类智慧等产物重现的可能性就变得微乎其微了。（Gould，1989，p. 14）

　　古尔德的思想实验无法反映环境对生物的影响程度。查尔斯·达尔文（Charles Darwin）

在其极具争议的《物种起源》(*Origin of Species by Means of Natural Selection*)，又名为《适者生存》(*Preservation of Favoured Races in the Struggle for Life*) 一书中，详细描述了生物与其所处环境之间的相互作用关系，并由此建立了一种非宗教的生命观。尽管他没有描述促成这种相互作用关系背后的系统特征，但在整个20世纪中，这被归结为基因的核心组织作用。通过生物信息学和分子生物学技术，这些生物信息的结构代码和单元等同于编程生命的媒介。这种生命观也催生了生命科学的崭新领域——合成生物学，类似于改变计算机代码，它通过改变基因序列，从而改变了生物的功能、行为或外观(Woese，2004)。新的生物技术还提供了研究生物体受其生物学基础规律影响程度的方法，但目前而言研究结果并不清晰且缺乏一致性。虽然合成生物学的研究证明了基因对细胞的功能至关重要，但它也清楚地表明，除了基因以外，生命还需要很多其他要素。大胆创新的生物黑客克莱格·文特尔(J. Craig Venter) 和他的合成生物学家团队能够合成一个低等生物的整个基因组，但还是不能仅靠基因的信息去重新构建一个生命(Gill and Venter，2010)。人工基因组需要通过插入到宿主细胞质才能启动激活，而宿主细胞质则是从另一种生物中获取的，比如去核的细菌或酵母。换言之，要让细胞能够"存活"，仅仅靠基因信息是不够的。

还有一些其他的概念和技术框架也被认为在生物系统中起着至关重要的作用。一直以来，我们都认为溶液是赋予有机体独特秩序的必要条件。因为溶液使运动和自我组装成为可能，其中分子可以通过复合物自由缔合，并在特定部位进行空间定位。也就是说，溶液不仅仅是分子交换的基础，还是细胞结构化系统形成的前提。虽然液体本身的流动性使其容易受到湍流和机械损伤的潜在破坏，但它们很坚固，并且能对周边环境的变化作出反应。当生命离开海洋迁移到陆地环境时，它利用半透膜的保护，将"内部海洋"也带到了陆地。

生命的构成还与化学本质有关，由化学规律所形成生物系统也限制了生物演化及生长发育的可能性。

基因的化学基础及化学规律以一种令人惊讶但又合理的方式塑造了生命，引发了生物演化的多样性，解释了许多事实。虽然这是一个非常长的故事，但本质而言，生命现象与化学逻辑是一致的，生命演化的历史是由化学决定的。(Macfarland，2016，p. xiv)

通过对平行世界的设想，古尔德的思想实验为审视生命进程的替代方案提供了新的平台。这一平台超越了基于中心决定论的非活性物质的几何规约，并通过生命物质对环境的变化更加敏感。

1.4 平行世界

自古以来，讲故事的人常常根据天堂和地狱等不同场景来想象生活中的生命形态。当今，研究物质特殊行为的量子力学、由大脑产生现实的心理学以及有关多维宇宙的天文学理论（Maguire，2017）的出现，为平行世界的实现提供了技术基础和场所。超现实主义者将奇异荒诞的现象与科学研究融合，从而生成了平行世界的方法论。

超现实主义者的工作并没有先天地指定领域，而是提出了尽可能多的实验要素的集合，以达到目前还不能理解的实验目的。（Durozoi，2005，p. 65）

超现实主义研究局（Bureau of Surrealist Research），也被称为超现实主义中心学院（Centrale Surréaliste）或者超现实主义咨询局（Bureau of Surrealist Enquiries），指出超现实主义能够产生等同于科学研究的知识，从而推动对未知事物的认知。阿尔弗雷德·贾里（Alfred Jarry）通过"超然科学"（pataphysics）这门学科，为真实和非真实的现象构建了虚构的解决方案。尽管它的无目的性和深不可测性会产生悖论，但"超然科学"仍为实证主义保留了空间，否则它将被逻辑和经验主义所封闭。当然，安德烈·布雷顿（André Breton）认为这样的努力其实毫无意义，因为它们只会为新的谬论奠定基础，而这些谬论正在为现代的好战分子以及不合理的理性主义提供可能的出路。

或许有一个看不见的"超级异空间灵海"（Super-Sargasso Sea）悬挂在我们的头上，"这里有星际残骸里的废弃物、垃圾和破旧的货物；许多物体都会被抛弃在这个被称为'行星褶皱'的地方……"这是一个引力所不能涉及，或者说常规物理法则无法运作的废品场。（Steinmeyer，2008）

查理斯·佛特（Charles Fort）怀着贾里（Jarry-esque）风格的怪癖，收集、整理并评估了一些被传统科学所排斥的发现，从而推断出在我们中间存在一个神奇的领域。他的世界观与愤世嫉俗、沮丧、坚定的保守主义背道而驰，而保守主义对现实世界失去了喜悦。

在那里，恐怖分子将炸弹包裹投放到华盛顿的街道上，无政府主义者将炸药安放在华尔街的道路上，同时数千名被怀疑、支持共产主义的公民遭到公民自由的限制。美国禁止

饮酒，同时愤世嫉俗般地退出国际政治舞台。每一天，报纸上都充斥着关于政治阴谋、心
理现象或科学发现的报道，这些报道似乎把我们所处的世界描绘成一个陌生而危险的地
方。（Steinmeyer，2008）

　　平行世界的科学基础包含在"多重世界假说"中，这意味着每一个可能的历史
和未来都是真实的，并且存在于真实的世界或者宇宙当中。埃尔温·薛定谔（Erwin
Schrödinger）在1952年的都柏林的讲座中暗示了平行世界的存在。通过计算，他发
现，这些另外存在的世界并不只是另外的可能性，而是与我们这个世界同时存在的
（Maguire，2017）。此外，尼尔斯·玻尔（Niels Bohr）也提出了一种互补理论，它表明
物体具有互补的性质，而这些性质不能同时被观察或者测量（Bohr，2011）。

　　这些平行性的概念以及选择我们未来的能力表明，我们的存在不是某个单一维度发展
的历史，而是由无数个可能的世界一起塑造而成的，而且它们都同时存在。这些富有想象
力的尝试探索了新的思考和存在方式，并且有助于激发文化改变的潜能。而就柔性活体建
筑而言，平行世界就是一个从工业时代过渡到生态时代的平台。

1.5　物质的本质

　　所有物质都是活跃的。这是支撑我们的宇宙结构的基本事实。（Armstrong，2015, p. 72）

　　平行生命世界最极端的可能性存在于无生命物质向生命物质的转变过程中，并可能挑
战关于生命物质的本质甚至自然特征的假设。我们现在对一切物质的理解是基于原子模
型，而这种对世界的解读可以追溯到远古时期。世间万物最基本的单元就是"不可再分
割"的原子，但这个理解在20世纪的历程中由于量子物理的出现而被证伪。在亚原子层
级的世界里，物质都是由介子、轻子和重子的概率云组成，而这些粒子都具有波动性和粒
子性（Lederman and Teresi，1993, p. 168；Bitbol，1996）。而由这些"力场"产生的
原子和分子现在已经可以通过超分子化学的原理，重新组合成全新的结构，然后通过弱化
学键将原子连接在一起（Lehn，1995）。另外，由于原子和分子的活动处于一个具有隐含
规律的相互关联的宇宙网络当中，所以它们甚至可以在局部范围之外产生影响（Bohm，
1980）。因此，改变导致地球生命起源的重大事件的物质顺序可能会产生深远的影响，而

这些影响也可以改变我们这个世界的历史。

　　当生命开始在地球上出现的时候，物质本身已经有97亿年的历史了，因此它们已经被自身所固有的结构条件所约束。大约138亿年前，在宇宙从"无"变成"相对"无限大的大爆炸之后不久，最轻的元素诞生于前三分钟，当时的温度从1沟（原文为100 nonillion，1 nonillion=10^{30}，沟=10^{32}）开尔文降低到10亿开尔文。质子和中子形成了一种稳定的氢同位素，即重氢，它被压缩后形成云状物，该云状物坍塌形成了第一个宇宙天体，它占据了整个宇宙。在大爆炸之后的1.5亿年至10亿年之间，超级黑洞产生了，它们吞噬物质后产生了称为类星体的发光物体，然后这些物体又与其他形式的物质和辐射相互作用，从而点亮整个太空（Yeager，2017）。宇宙诞生后大约50亿年，物质在引力的影响下开始凝结，启动了现在所知的宇宙膨胀。大约45亿年前，我们的太阳被一团炽热的碎片所包围，这些碎片降温并且开始聚集成堆，接着形成星子团，随后形成越来越大的行星，它们频繁地相互碰撞并蒸发。在这场无法用语言描述其残酷的宇宙战场中，诞生了我们所生存的地球和月球。（据有关资料表示）地球结构的最早证据是大约43亿年历史的锆石晶体，并且在澳大利亚西部的岩石上发现的最古老的生物遗迹据说有41亿年的历史。

　　生命物质的本质不在于我们对其亚原子结构的理解，因为当我们仔细窥探原子的内核时，它们并不是实心体，而是粒子云。"物质"是一个自相矛盾的概念。它通过在分子间分子键、过渡态、量子纠缠相互作用不断变换而形成，给我们一种非常坚固的错觉，它们积极地寻找新的关系，以将粒子场耦合在一起，并赋予物质世界奇异的特性。生命物质的本质也不是单纯由原子的性质产生的，因为原子的性质会受其所处环境的影响而发生深刻的改变。考虑到物质领域的可变性和偶然性，因此最好不要将其结果想象为确定性系统。比如，当气态氢气和氧气在陆地条件下结合时，它们会产生液态水，其特性无法仅凭对原始试剂的了解而进行预测。物质在处于不平衡状态的时候会变得特别难以控制，因为它对环境条件很敏感，并借助天生的"智力"（在过渡态下作出"决定"的能力）发生根本性（相）的转变。

1.6　矿物质的敏感性

　　无论是10亿年前还是上周二，矿物质的形成过程应该都是一样的……我们没有任何理由去假设矿物质无法像生命一样，随着时间进行自我演化……而生命的出现也并不是孤立的——矿物质可能在这个过程中起着辅助作用。而且随着生命的进化，它创造了大量的

化学壁龛，从而形成新的矿物质。(Wei-Haas，2016)

　　虽然生物学的故事强调了有机分子在塑造生命过程中的作用，即通过基因表达来进行协调，但矿物质其实也在其中起着如催化剂和结构剂的重要作用。在重播生命录像带的过程中，对矿物质重要性的不同程度的强化会对生命演化产生截然不同的结果。

　　被辐射激活的生物圈物质能够收集和重新分配太阳能，并最终将其转化为在地球上运作的自由能……在生命的诞生、死亡和分解过程中，它的原子会在生物圈中不断循环。(Vernadsky，1998，pp. 44-56)

　　目前还没有对非生物的类生命物质进行分类的系统。然而，卡尔·林奈(Carl Linnaeus)在自然系统分类法(动物、植物、矿物)中，将石头赋予了部分生物属性。例如，他将诸如砂岩之类的矿物质，理解为另外一种在地下活跃生长的生命形态(Uppsala Universitet，2008)；而石英则是由一种"寄生"机制所创造的。查尔斯·达尔文还注意到，由于蚯蚓在土壤中的活动，较重的石头向地里下沉的速度会比由于重力带来的自然下沉速度更快(Darwin，2007)。当代地质学家阿诺德·勒谢(Arnold Rheshar)和皮埃尔·埃斯科勒(Pierre Escollet)认为石头的生命属性的出现比有机过程慢得多。基于长时间拍摄的影像证据，他们推断石头会改变它们的物质结构、可以进行三天到两周的呼吸、拥有持续"三天"的心跳、可以移动和变老(Grachev，2006)。尽管环境条件很可能是造成这些活动的因素，但两位地质学家却非常坚定地认为，他们的观察证实了世界的万物都是有生命的。最近，全球定位系统(GPS)追踪到死亡谷的一些巨大石块，由于冰的表面暂时形成了无摩擦的轨道，使得石头可以在微风下，移动很大的距离(Stromberg，2013)。在罗马尼亚科斯特斯提(Costesti)的一个小村庄附近，人们发现了罕见的地质构造，被称为增生石或者活石(Murgoci，1905)。它们由一层层的胶状沙和矿物盐组成，呈现一种类似于树干的环状组织结构。据说每次大雨过后，它们就会长出地面，并通过"出芽"繁殖，甚至从一个地方迁移到另一个地方。虽然传闻说它们其实是"无机"生命形式，但很可能它们的表面活力是由某些物理和化学力量产生的。当处于饱和状态时，它们内部的渗透压会升高，促使岩石从中心向边缘生长，从而增加其周长，改变了岩石的位置。而流经石头的水流可使岩层增大，在1000年中的沉积速率约为5厘米。

　　尽管石头的"生存"方式与有机物截然不同，但无机物仍然能够积极地参与到生命系统当中。非常明显的是，有机质如黏土和硫化物可能在生物起源中扮演重要角色(Cairns-

Smith，1987）。事实上，当今研究生命起源的科学家观测到生命和岩石进化之间联系紧密，而生命被认为是地球化学的延伸（Comfort，2016）。

1.7 生命起源

现有版本的生物起源为观察平行世界生命现象设定了基准。生命最初到底是如何产生的，我们无法完全看到。因此，我们现在所提出的平行世界理论，可将许多可能事件纳入考量，这可能导致生命的出现和最终的进化。尽管大多数理论认为，生物在地球上的出现是不可避免的，但这是有争议的。因为现代生物学是指地球上已经发生的事情，而不是可能发生的事情。此外，这个星球上的地质故事（Latour，2013）一直笼罩在生态灭绝的阴影之下。甚至在冥古宙（Hadean epoch）时代，地球上的生命萌芽就已经由于小行星的猛烈撞击，灭绝过许多次了。自地球上出现生命以来，地质记录表明，在过去的五亿年里，地球上的生命几乎灭绝过五次（Ceballos et al.，2015）。这些过往的灾难都是由自然灾害造成的，然而我们正在面临的第六次大灭绝，则是全球的工业化发展造成的。它的灾难性影响不仅施加在现存生物身上，而且正在破坏维持地球生存的基本系统。

在现代，生命世界的创世过程可以被概括为从非生命物质到生命物质的转化，而其中最重要的角色就是生态圈中的有机分子，它们似乎有能力违背传统的物理定律。然而，化学与生物学之间的界限仍然是一个有争议的问题，因为仅凭借物质内部结构复杂程度的增加并不能解释生命起源。

自19世纪中叶以来，生物系统的本质及其与化学结构基元的区别，成为许多反对"生物主义"理论的研究主题。这些研究提出了（无形的）生命力能够向无生命物质注入活力。而启蒙运动将活力定义为通过化学键形成并最终编码于细胞组织系统中的物质事件。时间也是这种生物起源观点中的一个关键要素，在这种观点中，泥泞的池塘里酝酿着如达尔文所描述的自然元素，被进化压力所推动，并意外地成熟了。这个过程持续了漫长的时间，直到这碗"进化之汤"中演变出大量的物种。

如果用化学特性作为一个衡量生物起源的模型，那早期对非生物材料活性的探索实验则往往是大胆且戏剧化的。例如，仅通过化学方法就可以产生多种细胞体，而无需求助于生物成分。从盛满油的盘子中心波动的布希里体系（The Bütschli system）（Bütschli，1892）和由无机成分培育出来的第一个"人造"植物的特劳伯细胞（the Traube cell）

（Traube，1867），都是通过反应化学领域中的物质变化来传播和增殖的，即表面张力、渗透力和矿物质晶格等的变化。虽然它们在形态和行为上极具创造性，但仅靠化学反应并不足以创造生命。

甚至更加大胆的实验提出，要把生物起源的录像带倒回到35亿年前的冥古宙时代，那时候地球上出现了第一个有机分子。在一个加压、密封的烧瓶中，充满了有毒气体，人造闪电产生了一种电闪雷鸣般的孵化，从而可以在风暴过后的焦油状残渣中找到构成生命的基本分子（Miller，1953）。

DNA的发现为制造细胞蛋白提供了结构系统和可编码的生物程序，而这些细胞蛋白被认为是原始生物化学的主要基石（Watson and Crick，1953）。这些实验没有那么戏剧化，而是更关心如何"编写生命的密码"。随着数字计算机科学的崛起，就工程方法而言，破译生物密码的技术变得越来越精湛。主要是这些技术将合成生物学转化为某种对生命进行计算的实践活动，而在这种实践活动中，实验室通过利用工程学基本原理，像黑客一样"入侵"生物体的软件机器以及生物代码，从而发明了人工生命系统（Venter，2007）。

当代生命观都聚焦于生命编程的隐喻，并通过两个主要的世界观进行了理论化。"信息为先假说"（information first hypothesis）是一个命令与控制型系统，该系统提出所有生物信息都起源于原始主体，然后逐渐组装成一个能够制造能量的个体。其中最流行的说法就是"RNA世界"假说（"RNA world" hypothesis），它主要依赖于一种智能分子的双重属性。这种分子叫作核糖核酸（RNA），它可以催化化学反应，也可以进行自我复制。RNA特别有趣，因为它拥有多种生物功能，如果按一定顺序应用这些功能，就可能产生一个先自我复制，然后再新陈代谢的细胞。

第二种理论系统称为"代谢为先假说"（metabolism first hypothesis）。这个理论基于对信息进行分布的程序，并通过化学偶发事件在空间上分布和实施。它利用了能够自我维系的生化系统的程序化潜能，而这些系统可以运作于原始信息系统的界限之外。尽管这些物体目前还没有能力自我复制，但它们的持久力很强，并且处于组织的临界点，是典型的耗散性结构，并且可以转化为可识别的化学物体。最终，这个能量丰富的系统将为复制化学系统提供一个滋养生息的环境。因此，应该是先有新陈代谢，然后再有复制和繁殖。

新陈代谢为先的理论能够容纳信息系统的参与，而这些系统超越了有机体的编码。它们寻求可替代的有机化基质作为类似的计算机，比如像蒙脱石（montmorillonite）之类的黏土。它们比脆弱的核苷酸更丰富，并且含有柔性的硅支架。同时它们也是分子打印机，不仅具有无与伦比的表面积—体积比率，并且可以作为复杂的有机化位点和催化剂，从而将"晶体代码"的行为转化为分子的模式。因此，氨基酸和单糖等生命的构成要素可能围绕这些化学中心而组织起来，并可能成为有机复制者的前体（Logan，2007，pp. 123-8）。

任何生物类的系统都需要通过该系统及其环境进行能量流的传递。当能源流经小的混沌体系、不可预知的模式以及动态信息容器时，不同元素间的相互作用就会发生，而生命正是在这些相互作用中孕育的。一个黏土晶体……则恰如其分地满足这些条件……非常规律但同时又能产生许多有意义的排列。从某种状态到另一种状态需要的最小能量是一定的。因此，它是一种编码。然而，黏土的编码要比遗传密码或者人类语言更加复杂。直到今天，我们才开始抓住一丝能够窥探其规律的机会，不禁会让人认为，对这种编码的探索就像犹太神秘学家寻找完美表达的希伯来语一样，虽然富有成果，但会无穷无尽，上帝就是以此创造了宇宙。（Logan，2007，pp. 127-8）

比聚合物黏土还要奇特的是量子理论，它是从计算机科学和生命理论的最根本概念中被提出。存储在准晶体和非周期性晶体中的信息，能够显现出超乎想象的特性，比如远距离的秩序关系和五重对称轴，其处理信息的能力让人难以捉摸。尽管这种结构在自然系统中并不会自然存在，但它们会让我们对利用经典物理学、化学和数学规律描述的已有生命潜能提出质疑。随着量子物理学的发现，物质和信息的本质需要重新认识；而量子生物学家的观点具有重要参考意义，他们观察到量子相干很有可能在自然世界中无处不在。例如，鸟类可以利用地球的磁场进行导航，并与世界上最重要的新陈代谢作用即光合作用发生某种量子关系（Al-Khalili and McFadden，2014）。

迄今为止，还没有任何实验结果表明，通过将信息与地球上发现的原子成分合在一起就能创造生命。威廉·汤姆森爵士（Sir William Thomson）和开尔文勋爵（Lord Kelvin）是"胚种论"的拥护者，他们把地球生命的出现归因于外星球的"播种"事件（Kelvin，1871）。尽管这套理论并没有阐明生命的起源，也没有进一步解析产生生命的信息或物质的本质，但它通过对平行世界的原型化，丰富了我们进一步探索生命的各种可能性。

1.8　生命起源与生命发生

生命可能的呈现方式远远超出现代生物学的极限。我们只需要看看已经存在过的生命形式的化石记录，比如由查尔斯·杜利特尔·沃尔科特（Charles Doolittle Walcott）所发现的伯吉斯页岩，就可以看到未知的物种。根据我们的经验与期望，我们可能会忽略生命世界的激进和令人惊讶的表现方式。这也会限制潜在的可用设计以及工程可能性。虽然生命起源描述的是我们已知物种的诞生，但生命发生却将它所触及的范围延伸更广。这可以通过"自然计算"技术进行探索（详见第4.2.2章），该技术着眼于远离均衡系统的模式语言和材质表现。需要注意的是，虽然处于平衡状态的物质和非平衡状态的物质很有可能是由完全相同的分子所构成的，但它们的习性却是不可相互转换的。事实上，生命发生的基本组织因素不是基因，而是一种高度结构化的、介导化的化学体，即耗散性系统，它以一种低得多的动态秩序水平进行运作。这样的活泼物质不仅在理论上得到普遍认可（Bennett，2010），而且在耗散性结构中也得到了鉴定（Prigogine and Stengers，1984）。

一个能被大脑所理解的图形化完整体；从拓扑形态上来说它是稳定的；可能会随着强度的变化而变化；然后被带入感官的层面……因为漩涡其实并不是水，而是通过水作为媒介所呈现的某种能量的图案化。（Kenner，1991，p. 146）

耗散性系统或者耗散性结构，都以一个完全不平衡的状态存在，并且当能量和物质的反应场重叠时就会自发产生，比如当冷热锋面相互碰撞时就会形成龙卷风。这种系统挑战了我们对物件属性的预期，因为它们既是一个"物件"，同时也是一个过程，随着它们逐步远离混乱走向平衡，它们就会通过释放能量而变得稳定。尽管它们拥有天生的能动性，但它们却没有被赋予生命的地位。但在将平行生命作为一种视觉化的系统进行推演的时候，这种系统可以对材质的活力给予非常有价值的借鉴。同时，它们还提供了一系列可供选择的工具、材料和系统，用于制作活体介质的原型（详见第4.2.3章）。

1.9 耗散性生命

2007年，我开始去寻找能够形成生命组织的最小的单元。我尝试去寻找一个可测试的系统，希望通过这个系统去建立证据，该证据是基于与生物决定论截然对立的论点而建立的，而生物决定论本身由于掺杂了太多的政治、社会和文化因素，已经变得过度复杂（Gould，1981）。在不利用现有生物系统的情况下，确立一个新的、能够生成类似于生命现象的实验系统是一件浩大的工程，因为没有人可以凭空创造生命形式，也没有发现过任何外星生物。因此，当谈到比较分析类似生命形式的时候，则n=1，其中n={生物生命}。

当在实验环境中分析类似于细胞的耗散性结构时，使用的是瑞利–贝纳德（Rayleigh–Bénard）（对流）细胞。当一层液体被人从底部加热时，就会形成六边形的对流细胞。尽管这些细胞很容易产生，但它们却没有呈现出太多的形态变异。在2008年，我偶然发现了布希里实验，它可以利用简单的成分主动地合成活泼的、异质的、非生物的物体，并生成物质痕迹。奥托·布希里（Otto Bütschli）在1892年首次描述了这一现象，他当时的目的就是要为物体的形态和运动建立一个简化版的实验模型，而模型的建立完全基于物理和化学的过程，如流体动力学或表面张力的变化。他利用皂化反应产生了一种带有伪足（细胞质的延伸）的"人造"变形虫，而且它的行为非常类似于生命体（Bütschli，1892）。

将3M的氢氧化钠添加到莫尼尼特级初榨橄榄油中，它会产生毫米级的液滴（Armstrong，2015）。每个液滴都有一个代谢反应，该代谢反应可从周围环境吸收热能（吸热反应），并制成表面活性剂或"肥皂"形式的产物，从而进一步改变油水界面。反应过程中，液滴的表面张力降低了，使得液滴变形并移动。当它们在所处的环境中移动时，液滴利用自己体内的碱性反应物作为燃料去消耗橄榄油，并产生肥皂膜。任何一滴特定液滴的活动都无法被预测，但整个过程的持续时间都在几秒钟到20分钟之间。这样得出的结果高度复杂并且变数很多，虽然缺乏如DNA等核心编程分子，但是这些滴液的行为仍然很复杂并且具有类似生命的特征。虽然这些液滴会相互吸引，但最后却很少融合在一起。而这种能在相吸和相斥关系之间不断切换的现象产生的原因，有可能是因为它们自身的产物同时可以在系统中扮演排斥者和吸引者的角色。但是，就算使用能够测量微量物质的质谱分析技术，也无法发现上述现象背后的原因。另外，我们还观察到奇怪的群体尺度行为，其中的液滴似乎是作为一种建造群落来发挥作用的。当达到某个无法预测的临界点的时候，它们就可以突然改变它们的结构和行为，彼此相互远离同时产生长串的肥皂晶体（Armstrong，2015，pp. 100–4）。随着系统逐渐达到化学平衡，整个系统的活跃性会逐渐减慢，并最终变为非活性状态。布希里液滴虽然很有活力，但是还远远达不到公认的"活性"标准。除了存在有机分子和包括运动、环境敏感性、相互作用和协调的群体尺度行为等现象之外，它们与生物学几乎没有什么共同之处。

因此，它们的行为不同于对生命行为的传统定义，而且，它们并不需要依赖集中控制的生物编码系统就能够展示物质的生命活力。它们可以根据所处环境条件进行调整，还很容易受到设计和工程的影响。因此，它们拥有很大的科技潜力，有助于解决非生命物质向生命物质转变有关的特定问题。

1.10　耗散性适应

耗散性结构的出现同时带来了可容纳耗散型生命的平行世界，这类生命并不是根据生物学的中心法则运行的，而是依赖于无数先前发生的事件。斯图尔特·考夫曼（Stuart Kauffman）将这种对环境条件敏感且随机自然发生的空间描述为"可能毗邻的区域"，它超出了当代计算方法的预测能力范围（Kauffman，2008，p. 64）。在没有受到刺激的条件下，耗散性系统其实与耗散性适应的理论相符，在这种条件下，它们将能量更加高效地释放到它们所处的环境当中，同时增强了自身的稳定性。动态液滴实验证实了这一原理，因为它们会在临界点迅速改变它们的活动方式以及外观，并且可能会持续一个小时。而且，它们还能够形成稳定的振荡器。然而，如果没有亲眼见过它们，真的很难想象这类系统的存在。

1.11　生命的幻觉效应

我们都是隐形世界的居住者。地球的暗物质。没有我们，也就没有你们。[①]

在过去的八年里，我的感觉陷入了一个没有光明的微观世界里，这个世界完全由化学物体所占据和构成。在这里，耗散性结构的现象变得非常明显，同时为生命发生提供了一个平行化的解读（图1.1）。在背光和低放大倍率下，我仿佛在穿越，回到了深地球时代（deep terrestrial time）——在那里，活跃的化学分子展现着鲜明的自身特性，同时形成了充满活力的群体。在一个感知被半剥离的状态中，我的感知与化学反应错综交织在一

---

① 这篇诗意的短文是由西蒙·帕克（Simon Park）的"小故障"（Glitch）实验所启发，并由布鲁斯·斯特林（Bruce Sterling）在《连线》（*Wired*）上进行报道（Sterling，2011）："你好！我们是生物世界中的暗物质。需要说明的是，如果你的体内和体外没有那些你所意识不到的微生物活动的话，那你也不会存在"（Park 2012a，2012b，2012c）。

图1.1 原生细胞幻觉效应（Protocell Phantasmagoria）：一个另类生命起源的画像。这幅画由西蒙·费拉西娜（Simone Ferracina）绘制，但来源于雷切尔·阿姆斯特朗（Rachel Armstrong）提供的一部动态滴液的短片，2016年

起，我被这些未知空间和令人困扰的领域所吸引。

光学显微镜的放大倍数设置为40倍，一滴强碱被滴入装着油的培养皿中，一场强碱与油的对话瞬间产生了。这种对话开始于碱与油的接触，类生命现象时而产生时而消退。

在浓汤、烟雾、疮痂和火焰之下，白炽般的天空向死寂的地面倾泻着熔岩。一连串的化学鬼魂（chemical ghosts）被极度强烈的紫外线和宇宙辐射所照耀，在厚重的大气中徘徊。

在这里，是如梦境或发热状态下出现的一片虚无，而这些化学鬼魂们被微弱的光亮所围绕，正在其中游荡。突然，生命之泉会在地球黑暗的地平线上，以各种方式突然喷涌而出。然后生命早期物质在长达5亿年的时间里自我演化，逐渐浓缩并整合为具有不同密度的物质、浮渣和外壳，这一过程完全超出了人类对时间长度的理解。随后，电子风暴在地球上肆虐，过后留下带电的卷状物质在离子风中舞动，进一步催生了化学进化。在此产生的一场生存竞争，而其中的化学生命正孕育着全新的事物。

新出现的生命物质很原始，它们用含有碳水化合物的"牙齿"以生物质为食，而散布的酶类除了自我消化以外，什么都不会做。在能量短缺的情况下，它形成了原始的新陈代谢和循环系统。它可以不断扩张和收缩，并通过它的原始循环泵开始输送所需溶剂，并利用原始的感光系统感知外界的漫光照射。它没有思想，但是却能恰如其分地根据周边环境进行调整。随着时间的孵化，它逐渐能够蠕动，并学会用它那无骨的下颚咀嚼着腐烂有机质。畸形的形体逐渐变得有序，形成向外延伸的结构，在必要的生殖行为中不断爱抚自己，对无序的力量表示蔑视，并逐步转变成为一种实际的存在。

1.12 将生命看作是材质的颠覆

虽然传统观点将生命的特征视为简单、清晰、可逆性、对称性、集中性、可被解码、可控、连贯性、具有欧几里得几何结构、一致性、精确性、具有严格的边界、同质性、整体性、统一性、普遍性、完整性和均衡性。但是，生命物质的倾覆性创造力，通过失衡、非线性、负熵、混乱、诡异、无序、不可逆性、奇异性、巧合、凌乱、不确定性和随机性等对上述观点在多个维度进行了驳斥。尼尔斯·玻尔（Niels Bohr）认为，我们的语言并不足以介入那些非常规的世界观，他将这种现象描述为我们文化迭代过程中的一种病症。

一个事实中无法避免的困难就是，我们所有的日常口头表达都带有我们习惯的感知形式的印迹，从这个角度来看，量子的存在也是不合理的。事实上，这种事态所带来的后果就是，即便是像"存在"和"知道"这样的单词都会丧失它们的本意……在此，我们的话题触及到了知识这一问题中普遍存在的基本特征；同时我们必须要意识到的是，就其本质而言，我们应始终使用图片描述，而对其中的文字本身不作进一步的分析……目前，我们必须或多或少满足于适当的类比。然而，在这些类比的背后，不仅很可能存在关于认识论方面的紧密关系，而且在与双方直接相关的基本生物学问题背后，还隐藏着一种更深厚的联系。（Bohr，2011，pp. 19-20）

平行生物学挑战了我们对生命的传统理解，驱使我们去讨论那些非经典的以及自身矛盾的事物，这样一来就开辟了各种可能性，让我们用另一种的方式去想象、讨论并塑造自然世界的不同方面。

1.13 人造自然

在建筑的讨论中，颠覆建筑材质的想法越来越多。比如，大卫·吉森（David Gissen）在（探究）人造自然的概念时，就对城市中一些让人难以琢磨和控制的物质的表现进行了考察，比如潮湿、烟雾、废气、灰尘、水洼、泥土、碎片、杂草、昆虫、鸽子和人群，从而揭示了在城市景观中激发"生命"行为的平行自然形式。

人造自然通常与环境—社会领域的崩溃和诋毁联系在一起，但是我们必须用更积极的态度去面对它们，而不是利用它们去进一步倡导一种对当今世界的简陋且具有画面感的虚无主义。环境污染和战争似乎产生了许多可怕的场景，而人造自然不应该向这些暴行妥协。同时，人造自然也并不意味着促进城市的衰退或庆祝基础设施的崩溃。它的初衷并不是一种幻想的源泉，就像建筑师将成千上万的吸烟者以及野生动物画进我们的居住空间中，并以此来激发同龄人的思考。（Gissen，2009，p. 214）

1.14　鸡生蛋与蛋生鸡：生命物质的悖论

柔性活体建筑的准则意在解码那些看似截然相反的、支持生命转换过程的特征，而不是将它简化为简单的二元性或者因果关系。其中比较典型的就是鸡生蛋和蛋生鸡的悖论。

鸡生蛋的理论是一种以确定性为导向的思路，是由"神"的力量，或者某种生物信息系统所引导的。而蛋生鸡的理论则是概率性的理论，它能够处理诸如资源可用性和环境约束条件所带来的各类突发事件。然而，这两种观点都把关注点聚焦在以完整和稳定的形式存在的特定对象上。但是，生物系统并不是一个分离的系统，它们不仅仅被周边环境所渗透，而且它们的传播也不只是任何一个单独的个体的责任。事实上，生物会以这样或那样的方式，通过与它们周围其他生命体之间的持续交流来维系自身的存在，有的还会产生后代。

生命的持久性依赖于一个丰富的代谢交换网络及其偶发事件，其中生命形式之间的不连续边界其实是开放的，它们的内部可以与外部进行交流。它不会独立存在，甚至在脱离了其他物种（如细菌群落、树木、蚯蚓和线粒体）和环境后就不可能生存。鸡和蛋的难题之所以出现是因为生命周期的概念被抹去，而且它不可能在状态范围之间移动，那鸡和蛋的关系当然是割裂的了（非黑即白）。

蛋不是孤立的个体。它们其实是一种"转换器"，通过在折叠膜中运作，从而为活泼的化学反应和能量梯度之间的物质交换建立条件。通过这些联系，它们产生了一系列具有多重性质的相关结构，且它们的性质会随着时间而变化。这些存在方式包括"蛋"的各种状态（例如受精的、未受精的、蛋壳碎片）以及"鸡"的各种状态（例如小鸡、小母鸡、母鸡、公鸡）。

而鸡和蛋一样也是一种"转换器"，它们可以产生由性别决定的潜在生物种子。虽然并非所有的性接触都是有效的交流，但是"鸡"的某些状态（在受精时）可能会引发不同阶段的"蛋化"的产生，因此鸡和蛋之间的连续性仍然存在，但永远不会固化在某个阶段。

如果将"鸡化"和"蛋化"看作一个连续统一体，那么哪个阶段先于另一个阶段的问题就自然变得无足轻重了，因为各种形式的鸡—蛋其实都是一个持续生命过程的连续性呈现，而这个过程的特点则是通过一系列解剖学上的结构以及生理学上的事件来确定的。因此，鸡—蛋不是一个悖论，而是一种复杂的相互依存的持续作用，其表现形式随着时间、相遇和地点的变化而相应地波动，并且只能通过二元思维才能将其分割开。

这种根本的、连贯的转化概念支撑着柔性活体建筑的理想。

1.15 世界化

世界化是一个将居住空间复杂化的过程，这个空间中的主体不是简单地存在于世界中的物体，而是一种持续影响世界形成的因变量（Heidegger，1962）。作为社会化生活责任的一部分，"与麻烦为伴"的世界化（Haraway，2013）需要参与者去直面风险、不确定性以及各种意外，从而描绘21世纪所面临挑战的特征。它也是一种构建原型和探索平行世界的方法，可以整合各种思想和发现，从而使得另类的复杂物质结构和它们的栖息模式可以被原型化和可塑化。

比尔通（Biltong）快要死了。它巨大而古老，蹲在居所公园的中央，它就是一团古老的黄色原生质体，又厚又粘，还不透明。它的伪足干缩了，像变黑的蛇，躺在棕色的草地上一动不动。它的中心奇怪地瘪了下去。随着微弱的阳光逐渐将血管里的水分晒干，比尔通慢慢地衰竭了……而比尔通的心还在微弱地起伏着。当它挣扎着要抓住其日渐减少的寿命时，它那病态而焦躁不安的心跳就会被察觉到……垂死的比尔通前面的混凝土平台上，放着一堆用于复制的原件。在它们旁边，已经开始打印了几张图片，一些未成形的黑灰球与比尔通身上的水分混合在一起形成的汁液，而它正在通过这种汁液艰难地构造图像。（Dick，1991）

菲利普·K.迪克（Philip K. Dick）在《为印刷者付费》（*Pay for the Printer*）中描述了一个世界化的例子，该书讲述了一个高度技术化的社区，在那里人们开始重新想象，如果一切事物的制造都要靠外来的生命形式作为支撑，那么当这个世界中的人不再依赖外来的生命形式时，他们将如何一起生存下去（Dick，1991）。他们的困境与我们当今时代产生了共鸣，20世纪的技术无法解决第三个千禧年的关键需求和条件，如气候变化、生物多样性的灾难性损失和全球范围的污染。我们需要一种比工业化更好的新的世界化模式，这样我们人类才有机会发展出平行的并且能够持续的未来，这种未来的世界不会再削弱地球的活力，而是能够增强地球的活力。就像菲利普·K.迪克短篇小说中的社区一样，如果要迈出这一步，则需要勇气、毅力、信念以及时间。

　　费格森（Fergesson）抓起了杯子。他颤抖地将其翻转和掂量，"你用什么造的它？我无法理解！你到底用**什么**把它给造出来的？"

　　"我们撞倒了一些树木。"在微弱的太阳光下，道斯（Dawes）从他的腰带上摸出了一样略带金属光泽而不活泼的东西。"拿着——小心别割到自己。"

　　这把刀具粗糙得像杯子一样——被捶打、弯曲，并用铁丝固定在一起。"你造的这把刀子？"费格森困惑地问道。"我简直难以置信。**你到底从何开始？**你必须要有工具才能把它给造出来啊。这是一个悖论！"他开始发出歇斯底里的声音。"这简直是**不可能**的！"（Dick，1991）

实验性建筑和
柔性活体建筑

本章节将要探索的是一些概念与技术方面的传统，它们支撑着实验性建筑方法论的各种切入点，并通过这些切入点去对柔性活体建筑的各种原型（prototypes）进行设计以及迭代开发。这些作品将以平行世界的肖像画和碎片的形式呈现，从而传达这些物体的变化、生态多变性（ecological contingencies）和空间交互的特质（quality of spatial encounters）。

2.1 实验性建筑

　　建筑的世界最终将抛弃作为某种固定的、不朽的、伟大的且有启迪意义的建筑思想，而转向建筑本身在世界中占据其应有地位的局面。到那时，我们今天所认识的建筑师这个职业将不复存在，而另一种大为不同的一类人将会诞生，他们将科学、艺术以及科技包含在一个错综复杂的宏观认知当中。既定的学科边界将会被移除，我们将更接近马歇尔·麦克卢汉（Marshall McLuhan）所描述的"万物一体"的世界（Chalk，1994，pp. 172-3）。

　　"实验性建筑"（experimental architecture）这个术语首次进入建筑的术语库是在1970年，彼得·库克（Peter Cook）对维多利亚实用主义（Victorian pragmatism）的停滞提出了批评意见，而这种停滞支撑了"现代运动的唯物主义角落"（materialist corner of the modern movement）。库克相信建筑的表达自由其实是被当时占主导地位的形式主义所限制，但他接受并走在了现代发明的前沿，通过使用新材料、电脑、通信、交通、插件、塑料、预制、便捷性，以及水中和空中生活，来探索新的社会秩序是如何产生的。

　　实验性建筑以一种严肃的、探索性的建筑形式出现，呈现出诱人却令人恐惧的另类现实，它与热情洋溢的后现代主义运动相对应（Betsky，2015），但是并没有被想象成一种技术解决方案。相反，它是一种利用实验去推动设计和社会权利变革的媒介。

　　在20世纪80年代，利伯乌斯·伍茨（Lebbeus Woods）用了实验性建筑的方法开发了一套不屈于现实的建筑议程视图。他利用绘图的技巧揭示了建筑参与的平行世界，为建筑师在一系列非常规的地域中，比如自然灾害和战争，设立了新的角色。即使在最传统的空间中，他也开发了颠覆性的新型结构和没有壁垒的空间，在这个空间里，建构环境被（重新）想象并（重新）塑造，也包括它与其生态圈（biosphere）之间的关系；事实上，如果有必要，他准备重新思考地球本身（Manaugh，2007）。伍茨于1988年在纽约州的北部举办了第一届实验性建筑的会议，与会人员包括彼得·库克（Peter Cook）、尼尔·M. 德纳里（Neil M. Denari）、迈克尔·索尔金（Michael Sorkin）、哈尼·拉希德（Hani Rashid）、迈克尔·韦伯（Michael Webb）、莉斯·安妮·库奇（Lise Anne Couture）、戈登·吉尔伯特（Gordon Gilbert）和特德·克鲁格（Ted Krueger）。2012年，他去世之后，英国纽卡斯尔大学实验建筑研究所（RIEA）、英国纽卡斯尔大学实验建筑小组（EAG）和因斯布鲁克大学实验建筑研究所继续积极推进他的宏伟蓝图。当然，也有个别建筑师进行了实验性建筑的实践，比如现任巴特莱特建筑学院的实验性建筑学教授纳特·查特（Nat Chard），以及同时担任霍克斯摩尔建筑和经管学院主席和格林威治大学在职副校长的尼尔·斯皮勒（Neil Spiller）（Spiller，2016）；还有就是在巴特莱特建筑学院教学的马克·斯莫特（Mark Smout）和劳拉·艾伦（Laura Allen）（Cook and Hunter，2013）以及密歇根大学建筑系的副教授佩里·库尔珀（Perry Kulper）（Archinet，2012）。

2.1.1 21世纪的实验性建筑

一方面是对技术的理性研究，另一方面是对新技术的强调和一直持续扩展的"环境"限制，实验建筑形成了两者之间拉锯活动的组成部分……建筑的未来就在于建筑的突破。（Cook，1970，p. 152）

实验建筑师现在可以使用新技术，而这些技术不再被工业的范式以及应对都市挑战的逻辑方法所局限，而是更具想象力地参与到自然领域当中。另外，由于最近在分子科学领域的进步和自然计算技术组合的出现，在设计实践当中，执行工作和编排物质与时空的其他方式现在已经变为可能（详见第4.2.2章）。作为英国纽卡斯尔大学实验性建筑的教授，我研究在可测试的场景中运用尖端材料和生物科技来应对生态破坏的问题。通过"世界化"的实验性实践将传统的把建筑视为一个静态的、赋予形式的主体的观点，转向一个敏捷的、有疑问的原型实践。这种实践通过对居住过程的参与，挑战了既定的建筑协议和经典科学的假设。实验性建筑包含了参与式设计实践的理念，并且和许多积极的部门进行合作，通过跨学科的综合来拓展知识体系。这不仅是发展研究本身聚焦范围的关键，而且也成为联系和连接以往被分隔开的专业知识形式的能力的关键（Hughes，2009b，

2014；Armstrong，2016a；Armstrong，Hughes and Gangvik，2016；Armstrong and Hughes，2016）。从特征的层面来说，实验讲述了变革性的物质，这些物质会唤起不可见的领域，包含变化、不确定性、风险和创造的混合物，并且它们是由诸如软毛、土壤和毛毡等超复杂的材料形成（Geiger，2016）。它们还形成了跨学科、人工制品、表演和各种事物交互之间的联系，从而探索在湿润环境中的可能性以及柔性结构的潜在应用，这些柔体结构能够动态地响应周围的环境，比如活体建筑项目（详见第8.1章）。为了与库克的议程保持一致，即打破城市空间中专制的秩序系统，建立替代的生活模式，21世纪的实验性建筑变得越来越像超现实主义而不是工业机器——就像达利（Dalí）的软体钟、多毛的材质、液态化的环境以及量子现象。重要的是，柔性活体建筑还会去质疑身体（人类）的状态以及生命的特质，这启发了建筑设计的想象。这些协议检查了这些空间中身体的参与状态，作为（非机械化的）活性的介质，它们能够改变并且评估建筑的编排、非人类的行为以及特定场地的居住模式。因此，实验性建筑有能力完全改变我们对居住地的期望以及对身体核心构成的概念——目前实验正在通过与（极端）的马戏团艺术家合作来进行探索（详见第9章）。

　　的确，实验性建筑会将个人的身体体验作为一种知识创造和时空的重要整合器；因此，它没有将象征着现代实验室高度受控的知识和生产中心放在优先位置，而是通过参与到特定的、主观的、可执行的、"凌乱的"和高度分散的工作空间来提供对应物，这些工作空间破坏了原始环境的协议。从这些具有反叛性的种子与未受监督的环境中，破坏性的探寻模式可能会进一步维持和丰富我们对这个具有紧迫生态压力的星球的认知。

　　这样的一种研究方法预示着需要一种新的评价标准，这种标准不以完整的解决方案或追求完美为目标，而是在尊重每一个学科贡献的具体特征的同时，去探讨研究质量的既定概念。这样一个令人生畏的雄心壮志，将居住和体验空间的许多不同方面结合起来，这和巴别苍穹的目标是一致的（Haraway，2015）。无论这个项目完成与否，实现它的过程都会为新的合并和见解提供丰富的集成平台，而这个平台将驻留于充满意境、魔幻以及如怪物一般的地貌当中（Hughes，2016a）。

2.2　柔性活体建筑

　　凡有生之事物皆燃烧。这是大自然最基本的事实。（Logan，2007，p. 3）

柔性活体建筑其实是一些实验性建筑原型，它们涉及生命、生态、行星系统和自然的特征方面的问题，并通过世界化的实践进行探索。柔性活体建筑源于一系列需要敏捷原型逐渐成熟的发展阶段，并且通过寒武纪时期（Cambrian renaissance）的时空规则、物质编排、生命科技以及居住模式的复兴打造而成的。每一次更迭都会提供一组可供居住的装置（inhabitable apparatuses），用来探索我们如何居住——以及可能更好地居住在这个星球上——超越工业的习俗和实践。

柔性活体建筑以自然界的自然聚合形式存在，并在整个建筑环境中占据特定的生态地位。比如，它们可以形成微型的地理环境，在此，苔藓、地衣和生物膜其实都是水、阳光、矿物、生态毒物和风流之间的交叉节点的细化表现（Detail——建筑学中，不同建构元素相交的位置往往都需要节点大样设计）。它们也可能以从砖墙中开花的风化晶体的形式出现，或者是以被酸雨侵蚀的凹坑牵引的混凝土墙壁上斑驳的灰色腮红的形式存在。这些建筑细节都是具有特殊性质的微型场地，表明了生命繁荣的特殊条件。有些地方的蓄水量可能仅仅比附近的洼地稍多，而且受阳光照射较少。在其他地方，绿色的黏液细丝在铺路石上的微裂缝中形成，在周围的其他地方，丰富的城市隐生物结壳（crypto-biotic crusts）从水泥中膨胀成橄榄绿和芥末色的花朵，就像一个调味过度的小圆面包。这些短暂的社区把它们的残余物留在原有的坑洼中，并进一步塑造了他们的特性，或许是通过记录建筑物的阴影，为它们的居民提供一点保护，在具有美丽的结痂区域使它们免受刺眼的光的伤害。篱笆的朝南面可能会以鲜花盛开的方式庆祝，因为附近的排水管会向它们喷洒充满营养的——或者说带毒的、含铅的——水流。这样的柔性活体建筑是转瞬即逝的、寄生的、多变的、偶发的、微妙的、能持续生长的、不断演变的、高度依附于环境的并通过被占据而获得意义。

先进生物技术的出现使我们能够直接利用生命世界的创造力进行设计和工程设计，因此柔性活体建筑不一定是自然化的，而是关注于授权模式。实际上，柔性活体建筑通过一系列的方法来启发时空的演变规则，从而能够同时促进环境活力并将各种（混合的）人类发展进行呈现。

2.2.1 柔性活体建筑中的"生命"特质

柔性活体建筑在许多尺度上都存在，从次原子粒子到银河系。它产生了不同概念性的和最终可构建的框架，启发了与不断变化的世界相关的空间制造的概念。它们跨越众多的尺度，容纳人类和非人类的介质，比如动态的滴液、栩栩如生的材料、生物膜、砖头、墙壁、城市、天气、海洋以及土壤。因此，它的起源和发展并不完全是人类的努力。

　　柔性活体建筑将远离平衡状态的动态材料纳入实体物质当中。这类材料是生命世界的典型，也往往是"柔性的"（至少最初是这样），因为它们适应了提供营养和去除废物的流体化的基础环境。在实践中，这意味着柔性活体建筑通过将先进的生物技术与元素流（空气、地球、新陈代谢、水）、生命基础环境条件（大气、土壤、海洋）和亚自然（subnature）相融合，开辟了一种彻底变革的空间编排方式（详见第1.13章）。柔性活体建筑是指超体（hyperbodies）、肥沃的基础设施和零星的场地，比如，像海藻、水母群、南极海洋的冰花、沙漠降雨后的花地和传说中的布里加多村（village of Brigadoon）。虽然它们可以通过柔性的控制模式进行调控，但是它们同时也会触发非确定性、创造力和惊喜。然而，它们并不会净化它们的激进力量，而是通过未解决的物质现象进行对话，如居住在过渡领域的细胞外质（ectoplasms）、鬼魂和怪物。它们由自身内部丰富的基础设施折叠而成，根据其复杂性和编排，有可能会带来某种胚胎学（embryology）的兴起；它不是像格雷格·林恩（Gregg Lynn）的参数胚胎学之家（Embryological House）那样的形态美学（DOCAM，1997—2002），而是作为一种不断发展的物质性而分化、生长也变得更加自主。

　　因此，柔性活体建筑形成了一个充满活力的、能够被自然计算技术进行编排的材料"调色板"的基础（详见第4.2.2章）——（一个）被称为可以生产平行自然的合成体。

2.2.2　柔性活体建筑：案例

　　柔性活体建筑是一门跨学科的研究实践，它去寻找生态的规则从而启发建筑设计，并和学术界以及商业界的同僚都有紧密的联系。

　　菲利普·比斯利（Philip Beesley）是加拿大安大略省滑铁卢大学的建筑学教授，他将柔性的生命技术融入他的扩展控制系统（expanded cybernetic systems）网络中。他的半生命体位系列（Hylozoic Ground series）是一种半生命态的建筑装置，它采用了许多半生命态的化学器官的呈现形式，其中有一些是可以"品尝"到二氧化碳的，并因此而生成色彩鲜艳的微型雕塑（Armstrong and Beesley，2011）。确实，矿物的合成能力以及通过土壤和黏土等底漆基质（primed matrices）实现的物质潜在可编程性是柔性活体建筑系列作品的固有特征。虽然结晶会导致"硬"结构，但自组织条件的产生则需要将"柔性"的液态环境有策略性地应用到设计实践当中——特别是德津义冈（TokujinYshiok）在2011年的维纳斯椅子（Guy，2011）、辛加利特·兰道（Sigalit Landau）在2016年的水晶桥礼服（Peoples，2016）以及罗杰·希恩斯（Roger Hiorns）在2015年展示的正在衰退的2008年（now decaying 2008）的缉获装置（Ward，2015）。

来自于伦敦建筑城市设计公司EcoLogicStudio的克劳迪娅·帕斯奎罗（Claudia Pasquero）和马可·波莱蒂（Marco Poletti）探索了藻类以及其他生物材质中的生物新陈代谢的潜力，而这些探索通过融合数字、控制、有机以及社会领域，改变了现有的占据城市空间的模式（Medina，2014）；然而，通过互联网中的各种事物，卡洛·拉蒂事务所（Carlo Ratti Associati）的Office 3.0进一步将空间中的生物参数连接在一起，（利用了一种）将居住和内部环境与建筑能效连接起来的方式，并且形成数字化领域中新型的聚合（Dezeen，2016）。

一个叫Terreform ONE（开放生态网络）的非营利组织，通过创造一系列全新的建筑材料，采取一种实验性的、跨学科的方式来应对气候变化和人口增长带来的前所未有的挑战，比如用植物的生长来建筑整座房子，或者利用组织培养来搭建建筑模型，从而制作出"肉"房子（"meat" house）来促使新建筑类型的诞生（Szewczyk，2015）。

随着基础设施的装饰化成分逐渐变少，且越来越多地与生物材质进行融合，新的属性就开始涌现。比如亨克·琼克（Henk Jonker）的自我修复混凝土，它利用进入混凝土内部微裂缝的水来抵御结构性腐蚀，并且水也激活了能弹性产生碳酸钙的细菌孢子，从而弥补了这些缺陷（Jonkers，2007）。其他种类的混凝土也在开发当中，比如马丁·达德-罗伯逊（Martyn Dade-Robertson）的压力传感混凝土，它能够检测不同的压力模式，从而作出相应的结构调整以确保建筑地基的安全，（这种）方式类似于骨骼重塑（Dade-Robertson，2016）。

西班牙巴塞罗那加泰罗尼亚政治大学（Universitat Politècnica de Catalunya）的研究人员用一种特殊的水泥开发了独特的基础设施，这种水泥利用天然雨水为藻类、真菌、地衣和苔藓提供潮湿的环境，这样它们就可以在没有人工灌溉的建筑物表面茁壮成长。由于基础设施自身的丰富性，这些活性材料可以吸收大气中的二氧化碳，并且可以作为一种隔热材料或热量调节器（Leon，2013）。目前，这些物质主要用于工业范例，并没有被释放出来以引发建筑材料性能更加彻底的变化。尽管被认为是具有顺从倾向的"智能"材料，但这些织物仍然有可能在接缝处产生颤动而裂开，使接缝处的模块单元分开，留下一条充满了破坏性装置的轨迹，从而成为另类建筑所呈现的全新场地。

这种强有力的基底使得传统的和生命的领域的结合成为可能，在一系列具有创造性的建筑细节设计中，灰色（传统钢筋混凝土）与绿色（生物，生态结构）相互交融。罗格斯大学（Rutgers University）的一位艺术家伊丽莎白·德玛雷（Elizabeth Demaray）利用"从华丽的浅绿色到黄色的调色板"将地衣泥浆（lichen slurry）涂抹在墙上，从而将坚韧的自然生命形式引入城市环境中，而墙上的苔藓则是由巴特利特建筑学院（Bartlett School of Architecture）的，理查德·贝克特（Richard Beckett）和马克斯·克鲁兹（Marcos Cruz）管理的BiotA团队进行培育的。它们的"生物感受性"（bioreceptive）外墙促进了"密码学"（cryptograms）的发展，而这些密码则被培植在建筑表面，其设计中可能像波斯地毯一样华丽。

迈克尔·汉斯迈尔（Michael Hansmeyer）的怪诞数字化艺术转向了实验性建筑的实践，由于它们并不是完全成型的建筑类型，而是探索了如何使用3D打印技术去生产砂岩等材料的潜力，这些材料可能为琼克斯（Jonkers）和达德·罗伯逊所使用的各种合成细菌菌落（synthetic bacterial colonies）打造一个基础设施。创造适应性基础设施以进行微生物定殖的其他反身入侵——即使它们尚未播种——也是吸湿性材料，例如木材和新型聚合物，它们将水吸进体内，通过几何程序设计和计算运动，并随时间推移而采用另一种配置（Rieland，2014；Menges，2015）；菲利普·拉姆（Philippe Rahm）的荷尔蒙（Fredrickson，2015）涉及生物化学的"气候过程"，它朝着与生命世界互动的动态模式发展。

阿斯图迪奥建筑师（Astudio architects）正在积极探索与微生物动态特性相关的实验环境和定制的建筑设施，并正在为下一代"可持续"建筑设计设定新的基准，比如特威克纳姆的一所六年制学院就提出了将下一代生态建筑作为学校的重点课程之一。该设施还生产了土壤基质作为滤水器，并可以用作绿色屋顶和墙壁的当地资源，促进城市生物多样性发展（Armstrong，2016a，p. 137）。重要的是这些原型不仅停留在理论推测层面；它们是处于早期阶段的实验性设计，为建筑环境中潜在的更为广泛的应用奠定了基础。事实上，在2014年11月向汉堡的公众所开放的奥雅纳（Arup）智慧建筑也被称为BIQ房子（Steadman，2013），就是有一个立面，能够为微细胞生物的生长提供液态的环境，而这些微细胞生物通过太阳的热能效应填补了建筑的部分能源需求。

通过对基础结构要素（物质、空间、时间）的刻意打造，对流体（空气、水）的操控以及将生物属性整合到材料中去，有望使生物可编程材料成为可能。活体建筑项目探索的是如何设计错综复杂的代谢网络从而让它们执行特定的工作，比如发电、净水，甚至从环境中提取有价值的营养物质，如磷酸盐。这个由欧盟资助的项目使用了三种生物反应器——微生物燃料电池（microbial fuel cells）、藻油（algaeponics）和一个遗传修饰的"农场和劳动力"的模块（a genetically modified "farm and labour" module）——来探索如何能够将由异质微生物种群形成的生物膜，战略性地用来处理其内部和外部环境中的物质——作为某种"新陈代谢的应用程序"——并朝着影响建筑规模的方向进行开发（Living Architecture，2016）（见第8.1章）。

尽管在干燥的环境中，代谢系统之间的复杂交换是一个挑战，但在那些特定的情形中，在建筑物和材料长期处于潮湿的情况下，柔性活体建筑作为一种对具有挑战性的环境事件的回应，就变得更加切实了。在建筑规模上，这为具有复杂环境机构的城市的存在创造了条件，使它们能够应对诸如磨损或沉积等特殊挑战。在未来的威尼斯一号和二号中，复杂的生物材料构成了一种有目的性的尝试，去创造新的地表形式——特别是一种可以分散城市集中荷载的礁石结构（reef structure）（详见第8.5章）以及一个塑料微球清除岛（microfragment-removing island）（见第8.5.2章）（Armstrong，2015）。

威尼斯城是建立在城市土壤上的，它是由一系列原材料如桤木桩、防水的伊斯特拉大理石、垃圾、建筑废料以及在施工开挖和运河清理作业中出土的与人类活动有关的物品等物质创造出来的。将堆肥过程集成到这些系统中，进一步增加了设计和工程的潜力，这些设计和工程不仅具有建筑的尺度，也能对环境提示进行回应——换句话说，它们就是土壤综合过程的化身。事实上，很有可能的是，随着现代垃圾堆的日益增多，生物材料将越来越多地被用于解决这些结构废物所带来的特殊挑战，例如，使用菌根来减轻塑料的毒性积聚（Roth，2015），以及能够将金属加工成更易提取或更纯的形式等特定的细菌"生物沥滤"（Hornyak，2008；Callaway，2013）。

将柔性活体建筑作为某种能够回收废水和产生代谢能量从而降低能耗的处理者，即使不能完全消除能源消耗，也可以减少居住空间的生态足迹（ecological footprints）。当然，这类发展还没有实现商业化应用，但它们许多具有潜力的基础已经建立；我们所需要考虑做的就是，如何让人们认识到向"活体"建筑过渡的至关重要性，并使之得以实现。第三个千禧年实验性建筑（third millennial experimental architecture）拥有后现代先锋的所有革命潜力，它通过实验室实践和可测试的实验，将目前只停留在"纸上建筑"的声誉转变为涉及方法、材料和技术的多学科实践，从而最终成为可实现可落地的真实建筑。

虽然柔性活体建筑与现有以设计为导向的实践，比如仿生和生物设计，有着共同的原则，它们也都寻求参与到自然演变的过程中，但是，其独特之处在于，众多特殊的物体与其基础设施之间进行了生态协调，将系统中的（物质）改变和伦理参与（它提高了非人类物质的地位，而不是降低了人类的价值）（Bennett，2010，p. 13）与生物多样性的相互结合。

这种（材料本身和生命维持的）结合则成为类似毛皮（fur）一样的事物——它不以任何仿生的形式出现，正如雷切尔·阿姆斯特朗曾恰如其分地称之为"就像是给擅长于复制粘贴的这代人特制的生物学一样"——但这确实是它的行为特征。毛皮（fur）既不是某种纯净的表面，也不是无休止的多孔事物。它的毛绒深度是可变的，它的表面机理是柔顺的，它的活性状态也是非固定的。皮毛会生长、隔绝，同时也与活生生的肉体紧密相连。但是这些行为都是一个连续的内部材质品质的核心要素，并且它们也因受到虚拟环境改变而产生改变，这正可以为我们服务。（Geiger，2016）

结果是对物质的一种彻底（重新）构想，让物质可以产生半渗透性材料和瞬态空间。尽管没有自然主义的预期，这种建筑的特征类似于土壤，连接着生命和死亡。因此，柔性活体建筑赋予了物质再生并且最终"转世"的美好前景。

2.2.3　柔性活体建筑：躯体

一个建筑师应该像一个画家一样尽量少地住在城市里。把他送到我们的山上去，并让他在那里学习大自然对大地的理解，以及对天空的理解。（Ruskin，1989）

柔性活体建筑是多种类型物体的理论和实践，其组织方式多种多样，超出了生物学对生命既定的定义，从最小的生命体，如动态水滴，到基础设施，如元素介质和庞大复杂的结构，比如像土壤、亚自然和城市一般，是一种由许多参与但联系松散的因子所构成的超体。它意识到它们能够通过对自身栖居模式以及生态关系的延伸，从而对时空秩序进行编排并改变所处生态环境。

我从物体有界性（object-boundedness）和永久性（permanenceso）的惯例中释放出来，因此我可以在"这个"躯体和"我的"周边环境之间建立一种新的关系。我的肉体在不断地进行自我重塑，寻找新的盟友，就如同我不断颤抖地存在一般，通过自身转化的状态以及材质相互交织互动的网络进行蔓延。在这里，我采取了一种能够塑造物质行为的可激活集合能量场的形式，在此，重新编织的代谢网给我的肉体注入了新生的创造力，而我的存在作为一种流动中无界限的解剖体被挤压到新的地形中，与其环境无缝地结合并对其进行回应。

每天的重复，就像亨利·列斐伏尔（Henri Lefebvre）的节律分析，其昼夜节律事件使人产生一种环境相互作用的感觉（Lefebvre，2013）——它们通过空间困扰（haunted space）的方式与不寻常的事件结合在一起。例如，萨克马戏团的《编织和平》（Cirkus Cirkor's *Knitting Peace*）让马戏团的艺术家们靠近白色的绳子，来象征社区建设的努力以及实际脉络，而这在全球争取和平的斗争中是至关重要的（Kavanagh，2015）。

　　一个由白色帘布和钟乳石绳索组成的地下世界从舞台延伸到尖顶（某种马戏团的帐篷）的门厅，里面有一排排倾斜的具有传统戏剧风格的座位。一种普遍的白色已经超越了纯洁，进入了蛆虫的世界，进入了一个充满了从未见过太阳的生物的地下世界（Kavanagh，2015）。

　　从伦理的角度来看，身体的易变性也存在问题，因为它可能与残忍、奴役、堕落甚至死亡有关。尽管柔性活体建筑拒绝讨论痛苦的问题，但它并非将死亡视为终点，而是将其视为某种超复杂的持续演变的平行阶段（parallel phase）的开始。

　　我的头被剃光了。我的神经外科指令也衰弱了。我的眼睛肿了并且布满血丝。我是个可怕的嵌合体（chimera）——一部分是目中无人并且强大的雷普利（Ripley）——一部分是半男半女且没有毛发的巧克力红色的托马斯·杰罗姆·牛顿（Thomas Jerome Newton）——而（另一部分是）塔米·伊蒂（Tame Iti），一个脸上纹着"未来之脸"的毛利人。我坚定而钦佩地垂下脸。我头顶上有一道整齐的马蹄形伤疤，用手术钉绣起来，正咧着嘴对我笑。虽然他们只提出去除我一小块头发，但是我坚持让他们把头发全剃掉，只是因为这样感觉更好一点，更加清晰且裸露。（Armstrong，2018，p. 203）

2.3　故事叙述

　　我们用什么事物去思考其他事物很重要；而我们用什么故事去讲其他故事也很重要；用什么结去打其他结，用什么思想来思考其他思想，用什么领带来系其他领带都很重要。重要的是，到底什么样的故事可以改变世界，而什么样的世界会创造故事。（Haraway，2011，p. 4）

　　尽管库克提出了能让硬科幻小说繁荣的高级现代科技（Young and Manaugh，2010），但柔性活体建筑将自然看作一种能够将神话、梦想、魔法和愿景"折叠"到时空的编排之中的技术装置，在这种情况下，不太可能进行的物质交换可能会改变我们生活空间的特性——甚至可能会改变我们对生活空间的预期。

超现实主义的奥德赛包含了许多建筑的关键概念驱动因素——身体、房子和城市。超现实主义者也明白，观察者的不同观点改变了空间的意义，更进一步说，如果身体使用了诸如套装、面具和光学装置之类的假肢，那么建筑空间就改变了。他们还将这座房子视为个人意义和肖像学的宝库，一系列分形阈值包含了我们的思想以及从各种角度看待世界的方式，包括情欲的愉悦到最深的恐惧—— 这是一个充满好奇心的心灵橱柜。他们把这座城市看作是一个巨大的机会引擎，它带来了爱的可能性，奇怪的想法和符号排列在一起，并不断变化。(Spiller，2016)

在描绘反复无常的地形时，我们需要有激进的视角，其涉及的范围需要足够广泛，以能够影响我们的思维方式。可以说，对城市本质最有影响力的平行视角是伊塔洛·卡尔维诺（Italo Calvino）的《看不见的城市》(Invisible Cities)。这个故事讲述了探险家马可·波罗（Marco Polo）和中国古代皇帝忽必烈之间的对话。波罗夸耀他在去东方的路上看到的所有奇幻的地方。每一个地方都有一个女人的名字，并且和其他人完全不同。有的就像贝尔斯巴（Beersheba），存在于天空中，另一些像梅拉尼娅（Melania），它们与死亡有关，而有些像伊西多拉（Isidora），怀有欲望的记忆。然而，所有这些故事其实都是基于一座城市—— 威尼斯城（Calvino 1997）。在米歇尔·塞雷斯（Michel Serres）的《五种感观：混合身体的哲学》(The Five Senses: A Philosophy of Mingled Bodies)一书中，通过与故事的关系重建了感性世界的秩序和特征（Serres，2016）；沃尔特·本杰明（Walter Benjamin）的《拱廊工程》(The Arcades Project)从思想跨越到经验，将熟悉的城市空间转化为不太可能的际遇（Benjamin，1999）。

历史的"废弃物"和"碎屑"，那些"集体"日常生活中半掩藏的、斑驳的轨迹都被作为研究对象，并借助更类似于19世纪的古董和珍品收藏家的方法，甚至更像19世纪拾荒者的方法进行研究——尽管它们依赖于机会性——而不是现代历史学家的方法。(Benjamin，1999，p. x)

这种故事叙述的形式并没有提出要完全解决他们所讨论的困难和矛盾，而是提出了更长远的问题，甚至强调除了现状之外不可能有其他的选择。在这些张力当中，涌现了实现巴别苍穹的平行方法，在此，理性的局限性就显现出来了，并且取而代之的是奇迹、黑暗、魔法和神秘，（这种空洞）开始为我们（重新）连接、（重新）授权并（重新）着迷于我们的现实（世界）腾出空间。

2.4 环境诗学

我看着一张纸在里奥-德拉森萨（Rio de la Sensa）上空翻滚。它硕固地粘在一艘经过的平底船旁边，我突然想到，"活的"威尼斯是一棵倒立的树，有石质的根和生殖器官，由街道的垃圾进行维系。由于它们以碎石为食，每年，它们都会繁茂生长两次，一次是随着节日季节开始的二月，还有就是游客量达到高峰时的夏末。雄性器官向空气中释放出大量的粉尘，像黄色的雪，在小巷里游荡，寻找像垃圾收集箱一样有着宽大花瓣的蛋形结构的雌性接收容器。这样的结合产生的果实表面覆盖着长而黄褐色的纤维，上面有小钩，这些小钩落在地面上，像毛茸茸的生物皮筏一样相互缠绕。漂浮的垫子和新的岛状胚胎出现了，它们用它们的触手抓住了正在发育的陆地，很快融合在一起形成了扭曲的桥梁。然而，并不是所有的城市种子都注定要成为成熟的定居点，而是可以获得多种用途，比如绳子、轭带、乐器弦、篮子、网、圈套、钓鱼线、布——有时，它们被吃掉是因为它们味道甜美。

柔性活体建筑探索的是环境诗学的潜力（Morton，2007，pp. 33–4），通过语言的创新性运用，给它的原型以及场地赋予一种场所感（sense of place）。本书中经常出现这样的例子，比如自动威尼斯象棋（Automatic Venetian Chess）（详见第6.4章）以及镜面水潭（Mirror Puddle）（详见第7.9章）。通过语言实验，新的发现可以被接收并以特定的方式进行解读，从而为构建思想语境的实验打开真正的空间，使它们能够被创造性地探索。平行的实验室设定包括性能表现（详见第9.3章）或者非人类动因的参与，比如蟑螂（详见第9.4.1章），以及在发现过程中的动态滴液（详见第1.9章）。通过环境诗学，一套用于实验性建筑实践的平行世界工具集出现了，它能够为实验开辟另类空间——通过对语言的极限边界进行探索，诱导环境中异变的动量因子，激发反抗物质的潜能——为时空的规则以及活体物质的极端潜质开启全新的对话。

阿姆斯特朗的原生细胞研究中隐含着一种幻想感，从而阻止了人们将其视为现实世界的解决方案。对于基础设施的建筑师和设计师来说，很难接受一个既不涉及混凝土也不涉及钢材的建筑提案，但这正是阿姆斯特朗要求我们做的。她说："当我们说到建筑中的系统时，我们总是倾向于回到机器图像上去"，"对于原生细胞系统，我们其实不需要这样做。它没有零件；它不是一个物体。"它未必能够比我们所知道的任何建筑更有机地运作，但是它却代表一种契机，一种更具建设性和更和谐的方法，用来取代把建筑物设计为环境屏障的过时做法。（Patel，2011）

3 瓦解中的世界

本章节所探讨的是，在这个生态毁灭、充满不确定性和物质躁动的时代，建筑实践的背景到底是怎样的。将巴别苍穹的概念变成了一个模型和隐喻，支撑着世界化和正在进行的项目建筑实践，它封装了一个不断变化的世界。柔性活体建筑原型与平行世界的栖居模式进行了对话，其中时空的规则交织着生与死的网络，并因此打造了持续的生态再生循环以及人工自然的合成场地。

3.1 乌托邦的结束

在将要到来的岁月里，我们需要为暴力、愤怒、种族主义、厌恶女性、仇外心理、本土主义、白人的不满情绪做好准备，它们必将被释放出来，因为我们如今已经摧毁了那些束缚我们的价值观。我们都知道，这些仇恨只是被包裹在一层薄弱的，钻刻着"文明"的外衣之下。而那种礼貌文明已经消失了。在它不复存在的情况下，我们可能才会意识到礼貌是多么的重要。因为它是我们设法共存的方式。（Gabler，2016）

20世纪使我们相信，通过使用强大的技术控制和调节世界，人类其实可以在单一的全球身份下变得同质化。然后，人们可以被安置在基于伊甸园和乌托邦的设想所创造的理想化城市中。然而，我们正在逐渐意识到，由于其非黑即白的分类法则和广泛适用的（不因特殊情况而改变的）律法，我们不可能在这些一元价值观的净化过程中存活下来（Latour，1993）。在这些决定论的世界观中，我们会发现自己与现实生活格格不入，因为它其实是由混乱的环境组成的。这些地方是为新生的冲突、叛乱的混乱、甚至坦率的神经错乱准备的特定场地，因此，人们无法舒服地生活在这里，因为明确清晰的分类规则不可能与混乱共存。由于普世律法（universal laws）的同质化，我们的身份正在消失，因为个性会被视为异化并被排斥（Latour，1993）。尽管我们有乌托邦式的雄心壮志去重新恢复"秩序"并再次获得对世界的控制权，但我们的城市和环境问题仍然超出了这些正规的启蒙运动式逻辑所能"解决"的范围。城市环境难以控制，事物也不再规律，这个活生生的世界正在倒退。经过150年的全球工业发展，环境破坏已经不再是一种威胁，而是我们不得不面对的现实，我们的地球上到处都是塑料颗粒之类的物质，而环境的一致性如果靠自然消化去恢复，则需要成千上万年。我们目前对上述问题的回应，就是确保我们的城市能够成为更适合的居住机器（Le Corbusier，2007，

p. 158），在那里，我们消耗更少的自然资源，尽量少地使用具有破坏性的建筑工序，发明更加精巧的几何体方案来优化城市密度，甚至吸纳生活世界的残存物作为城市的遮盖物来弥补自然景观上的工业伤痕。然而，这些手段似乎都没能扭转工业破坏的推进，人类发展似乎不可避免地会破坏那些我们赖以生存的自然基础设施。虽然目前世界还没有被完全被毁，但人类迫切需要找到灵活的居住空间规则以实现相互依存，因为这不单让人与人之间能够共同存活，更重要的是，人类还要与自然界和行星王国共同存活。

是时候仔细考虑一下……关于……我们到底需要什么样的系统这个问题了。我们一直在"兜售"未来，但其背后的底层逻辑已经行不通了。将工厂车间的原理应用于自然界的理论也行不通。农业不仅是一门生意，食物也不单是一种商品，而土地也不只是一种矿产资源。（Rebanks，2017）

3.2 巴别塔

巴别塔是一个标志，它代表着世界正处在崩溃的边缘。

现在，全世界只有一种语言和一种通用语言……他们互相说："来吧，让我们制作砖块，并把砖烧透了。"他们用砖块代替了石头，又拿焦油代替了水泥。然后他们说："来吧，让我们为自己建造一座城市和一座通向天堂的塔，这样就可以传扬我们的名字，否则，我们将分散在整个地球的表面。"但耶和华降临，要看看人民所建造的城市和塔楼。耶和华说："如果说同一种语言的人已经开始这样做了，那么以后他们计划要做的事对他们来说就没有什么不可能的了。来吧，让我们降临去扰乱他们的语言，使他们无法互相理解。"于是，耶和华将他们从那里分散到整个地球上，因此他们就停止建造那座城市了。（创世纪11：1-9，新国际版）

巴别塔不仅是一个标志性的建筑物；它还体现了生态系统的本质以及生命的目的，正如欧文·施罗丁格（Erwin Schrödinger）观察到的那样，它是一种向往，希望能够逃离由于热力学平衡所带来的、最终不可避免的衰败或死亡：

自然界中发生的一切都意味着，在其所发生的区域，世界的这部分的熵值会增加……因此，一个鲜活的生物体在不断地增加它的熵值……从而倾向于接近最大熵值的危险状态，伴随而来的就是死亡。对此唯一能做的就是要远离它，比如，通过不断地从周边环境吸取负熵，从而活下来……（这样）……生物体成功地将自己从活着时必须产生的各种熵值中解救出来了。(Schrödinger，2012，p. 71)

柔性活体建筑与巴别塔站在同一阵线，作为一种物质的反抗表现，它同时也是同生命世界一起对抗衰败自然规律的同盟。它并不寻求永恒，但会直面祸根，从而激起对熵值的新的对抗势力，并成为许多新的生命活动的基础。它的任务并不是去"解决"、去阻止巴别塔的倒塌，而是去开发新的材料、仪器以及原型，以帮助多样化的社群不断商讨其持久性。

3.3　巴别苍穹

在我们充满争端的领土上存在着混乱、矛盾和困难，如果要在无法避免上述情况的前提下实现一种持续，那么巴别塔则真正代表了我们这个时代面临的挑战，而不是乌托邦。我们的目标并不是要刻意地去屈服于与巴别塔这座城市同样的命运，尽管它历史悠久、技术先进；而是要像生态系统一样，采取多种外交手段，使巴别塔成为可能。这些集体行为构成了"巴别苍穹"，它通过一系列（非自然的）更替、入侵、撤退、季节性变化、昼夜循环（diurnal cycles）甚至灭绝的场景，来不断地协调其社群之间的相互共存。因此，生态圈就成为某种灵活的、应答式居住空间的设计和工程规则，这些规则则是以调解且充满活力的材质性（Bennett，2010）、多种居住模式以及生态原则为基础的。但是，这种让巴别苍穹/生态圈发挥功能的尝试（Haraway，2015）并没有消除改变复杂空间适于居住的困难，而是产生了灵活的居住规则，并且重新建立了我们彼此之间以及与自然界的联系。

3.4　自然的特征变幻莫测

自然就是巴别苍穹的化身。尽管自然界通过其众多的关系被不牢靠地维系在一起，并且其中的每一刻都在为之谈判和斗争，但这些摩擦却很少导致大规模的灭绝。

尽管自然是一个普遍的概念，但它其实并不是一个同质化的结构，也不是一成不变的。现代对生命世界的看法向我们展示了一幅图像——自然是可以被控制、理解和征服的。在生态和谐的年代，自然世界生机勃勃、智能化且不受约束。第三个千禧年对自然界的理解是基于一种系统化的视角，即这个行星受变化的支配，这也和古代哲学家赫拉克利特（Heraclitus）的想法一致——这是一个处在无时不在变化中的世界。路德维希·冯·贝塔兰菲（Ludwig von Bertalanffy）将这一视角现代化了，他通过信息交换、控制方法和反馈系统等概念，强调了那些构成单个生物体和生态系统的不同"零部件"之间的相互作用和连通性（von Bertalanffy，1950）。近年来，自然世界已沦为生态学的概念并与之混为一谈。"暗生态学家"蒂莫西·莫顿（Timothy Morton）观察到，大自然陷入了唯美主义的泥潭，他强烈要求对这种表面层次的美感进行解构，这样才有可能更清楚地看到空间内部的深层生态，从而能够处理场地的"实际"物质属性。然而，在鼓励通过新陈代谢设计来产生"简单的环境图像"（Morton，2007，P. 150）的过程中，莫顿引用了一种自然的科学观点——其中"生态"表示一种物质条件和物质的客观接触，其复杂性是由自身的物理关系所赋予的。"生态学"一词来源于恩斯特·海克尔（Ernst Haeckel）对环境中动物群体的概念，然后在整个20世纪的发展过程中，它逐步进化并吸收了新的思想，比如洛夫洛克（Lovelock）的盖亚（Lovelock，1979）和弗拉基米尔·韦纳茨基（Vladimir Vernadsky）的生物地理圈（biogeosphere）（Vernadsky，1998）以及亚瑟·坦斯利（Arthur Tansley）关于"系统"学说（Armstrong，2015，pp. 25–8）等概念。因此，生态这个理念并不是世界上自然发生的物质活动过程的纯粹提炼物，而是深深植根于极简主义、功能主义、还原论、清教主义（puritanical）和抽象美学之中，而这些主义都象征着现代科学。

生态思想"……是一个庞大的、杂乱无章的相互连接的网络，没有明确的中心和边界。它是一种极其亲密的关系，它与其他物质共生共存，相互感知甚至更加深入。"（Morton，2012，p. 1）

但是，生态并不完全等同于自然，另外，自然也是由文化和技术定义的（Van Mensvoort and Grievink，2012）。而意图通过消除文化和技术的影响去维持公正可能会面临很大的问题，因为生态伦理已经被否定了。像仿生学一样的设计声称他们正通过特定的形式和功能来达到"公正"的观点，但他们却很大程度上忽略了生命世界中那些怪诞，或者是"残酷无情"的方面（Darwin，2006）。换句话说，在一个客观的现实中，一朵花的盛开和杀害婴儿（infanticide，这里指在某些族群中由于生存压力或其他原因刻意扼杀婴儿的罪行）具有同等的重要性，因为两者都是"自然的"。同样地，如果将莫顿对自然的解构作为一种公正的主张来解读的话，那么它就有可能创造出失去活力或毫无意义的空间，而这会进一步加剧日益剧增的文化隔阂，而正是这种隔阂赋予我们现在贬低和滥用环境的能力。事实上，这个"有人居住"的自然界的概念本身就不可避免地带有偏见并充斥着价值导向，而这些价值导向则是基于与环境主动的互动，以及在特定的情况对空间占据的方式而产生的。因此，尽管解构主义可以帮助我们确定实质性风险所在，但同样重要的是，在分析之后，人类和非人类及自然之间的关系在伦理道德层面需要被重置，并逐步迈向相互（重新）赋权的状态。的确，莫顿通过引发一种"暗"生态的学说来重建他对自然的分析，这种生态学受到哥特式情感的启发，这种情感充满了欲望、悲伤、激情和不自然感（Morton，2007，pp. 185–6），并认识到"每一种生命形式都是一种独特的存在，都是一个不可分割整体的短暂显现"（Morton，2007，p. 29）。

柔性活体建筑所能理解的是，用自然和它的生物技术装置进行的设计可能永远没法绝对客观，并且这种设计必须对道德伦理层面的因素进行不断地考量。

3.5 自然的本质

自然并不是完全恒定的。生命和自然深深地交织在一起，这两者都由于自身的不稳定性而相互渗透，相互依存并且通过非常规事件进行相互再连接。在这种不安宁的、不断变化的交织中，生命领域与自然通过无穷无尽（不同类型）的躯体而持久存在，作为一种未曾被打破的遗产持续了35亿年。即使在今天，还有许多物种是我们不熟悉或不知道的，因为它们发现于极端的栖息地中，例如在穴居人洞穴群中的深海黑烟囱，就像罗马尼亚的移动洞穴（Movile Cave），这些物种从未暴露于光线下和世界上最偏远的地区，比如冰雪覆盖的沃斯托克湖（Lake Vostok），它被隔离了1500万至2500万年。事实上，多种自然对于生命的涌现和持续存在至关重要，而这些重叠因子中的每一个因子都可能是相互依存的力量。

另外，自然的体系在不断改变，因此现有的分类系统无法对它进行彻底的归类——

这是一种类似于海洋的现象学。水体占据了地球的极大部分表面，其中海洋占了地球表面水环境的97%。这些巨型的液体横跨整个世界，处在地球可呼吸的大气层和地壳的硬地质之间。它们是如此的辽阔和深邃，以至于我们完全看不透它们。液体不断在海陆中上升、起伏、交织并跌落。为了在如此变化多端的地形中航行，马绍尔群岛的居民制作了木条图表。这些并不是对海洋确切的图像描绘，而是思想工具，其细节就是在制作海图的过程中被记住的。弯曲的木条表示的是岛屿周围的涌浪；短而直的棍子描述的则是近岸洋流；较长的木条映射出岛屿的相对位置，而小贝壳则表示岛屿本身的位置。然后，这些细节则会在出航之前，被群岛的居民内化为一套工作系统（Romm，2015）。他们是否能够生存取决于他们如何运用思维导图来对大海的特征进行解读，即去哪里能找到食物和清水，或者哪里会遇到飓风、海浪或暴风雨等毁灭性的事件。事实上，这种木条图表可能暗示着在大海中航行并不是一个全凭逻辑能够胜任的任务，而是一种感觉上的技巧，需要投入情感才能让人从一个地方成功到达另一个地方。穿越开阔的海面是一项伟大的壮举，可能会因为许多未知因素而变得极其复杂，因此如果没有坚定的信念去相信这种令人畏惧的旅程是有可能的话，那么这趟航程则在未开始之前就已经失败了，且失去了意义。

木条图表就是一种在海洋上导航的工具，通过在想象中激发可能性，它们对海洋的熟悉使得他们能够提前预示将要遭遇的超复杂现象。像生态系统以及自然界的其他方面（如天气）一样，海洋与人类的居住地在多个方面都有交集，虽然它们促进了人类定居（提供大量的资源和食物等），但它们的作用不能被简化为社会用途或简单的类别。事实上，海洋提供了"一个理想的空间基础……［这］毫无疑问会是一块容量巨大的、并且无法被驯化的材料，而且毋庸置疑，它正在持续不断地进行着变革"（Steinberg and Peters，2015）。海洋，像生态系统、天气、土壤和巴别苍穹一样，需要它们自己的语言和航行方式，这样它们的广袤和奇异性才能得到欣赏，不仅是从宏观的角度，更要在它们的细节中去欣赏。

如此浩瀚而复杂的空间预示着未来人类发展的生态时代的到来——一个生态世代——在这个时代，人类与自然的关系会彻底重构，大自然变成了一个（超）身体和一种无形的组织力量，它在无数种活泼的物质媒介——无机物质（Woods，2012a）、生物系统、天气、地质力量、土壤、大海、大气层、地心引力、光、恒星系统、黑洞、暗物质和能量——之间，来回协调它们复杂且困难的关系。这个版本的自然需要生命、社会、生存、设计、科技、生态、政治、精神信仰以及文化层面理念的参与培育，而不是简单地驯服。

3.6　威尼斯的自然

　　当你将这个城市倒转过来，其底部所呈现的完全不像它地表世界的景象。就像将一块一直放在地表上的石头被掀开一样，它所呈现的肯定不会像刚出炉的砖头一样，当黏糊糊的东西滑过它的表面时，你可能会在生命的突然冲击中退缩。尽管我们不希望我们的城市搬迁。

　　作为一个真实同时亦是想象中的场所，威尼斯被各种以设计为导向的实验来研究一个高度特异地点的自然表现，从而使平行世界的概念和原型设计成为可能。

　　这座城市在9世纪到12世纪期间正式从潟湖泥泞的岸边拔地而起。它的沉降是一个复杂的过程，因为软潟湖淤泥不稳定，不适合作为地基土。威尼斯的建筑之所以能够屹立不倒，是因为采用了一种技术，将4米长的桤木（Alder）桩穿过柔软的沉积物，打入威尼斯潟湖下面更密集的、冰河时期就存在的土壤层里。随着从阿尔卑斯山侵蚀而来的物质被冲刷下来稳定在平原上，这一富含钙的古土壤——当地称为卡兰托（caranto）（石头）——大约在18000年前在意大利北部大部分地区逐步形成。大约一万年前，温暖湿润的气候导致土壤钙化，形成了大颗的粉状矿物质，并随着土壤干燥而固化。当潟湖形成时，这种卡兰托（石头）就被埋藏在其淤泥之下（Donnici et al.，2011）。尽管石材在平均海平面以下4～7米，无法为城市中较浅的基桩提供直接的支撑，但它仍然通过增加地表的结构稳定性，在建筑的施工和城市化进程中发挥着间接作用。在潟湖的环境中，桤木是一种极为合适的材料，因为它主要生长在沼泽地区或河边，因此它的木质不会在潮湿的环境中腐化。只要这些木桩，或称托儿皮（tolpi），能够一直完全浸泡在盐水中而不会腐烂，因为如果没有游离氧（free oxygen），生物体就不能以它们为食。在里亚尔托（Rialto）这样的地方，落叶松（larch）木板也被铺设在桤木桩上，用来把它们绑在一起。这样一个简单的系统具有显著的回弹力，即便在恶劣的风暴或潮汐中，少量的泥浆被冲走，这些桩依然能够将所有的重量传递到深层黏土中。而在这个牢固的结构系统之上，铺设了不透水的伊斯特拉（Istrian）大理石板来作为防水层。但是，由于成本造价和可得性问题，这些稳定系统的措施，只能零散地在城市中进行应用。因此，有些地方比其他地方更容易受到潮气上升和海平面渗透的影响。

　　自从威尼斯建立以来，这里的市民就在潟湖这两种不可调和、拥有不同介质水域的——陆地与海洋之间的空隙中进行殖民。在这个间隙空间中，威尼斯是一个关于两个城市的故事——一个千年之长的居住实验——其中一个城市与陆地结盟，占据潮汐之上的世界，而另一个城市则处于潮汐之下，并延伸到深海环境中。

每一个城市都是独一无二，并且彼此独立存在。

第一个威尼斯其实是坐落在陆地上的。它是一座博物馆之城，整座城市布满了装饰华丽的建筑"石材"，体现了威尼斯哥特式风格，而这种风格将哥特式的柳叶刀拱门与拜占庭人和摩尔人建筑风格的影响结合在一起。但是约翰·拉斯金（John Ruskin）则坚信这座城市自15世纪以来就陷入了道德沦丧，同时他记录了威尼斯的这些建筑"石材"，或者建筑细节的技艺，因此即便整个城市消亡了，它们也不会被后人所遗忘。如今，数百万的游客来到威尼斯，来参观这座叹为观止的遗迹，在日益频繁的涨潮造成的破坏，这座城市的建筑正在积极而又悄无声息地瓦解。

想象一下有朝一日，圣马克大教堂变成了某种德彪西大教堂中的景象一般，有着由珊瑚镶嵌而成的雕像，鱼群在彩绘玻璃中游过，金色的圣殿变成牡蛎养殖场，这对一些人来说无疑是一幅迷人的景象。（Windsor，2015）

另一个威尼斯是海岸线地形。它采取的形式是一个充满活跃生物因子的丰富生态系统，而这些因子难以控制并且顽强反抗。这个"活着的"威尼斯是一个焕发着活力的有机景观，它在石头、水和空气的交界处蓬勃发展。它不仅是一幅由装饰华丽的镶面和惰性石头所构成的风景画，它还是一台自然计算机，其消减剂和添加剂都在不断地（重新）建立自己的地盘。这种自相矛盾的、平行的沉降不仅能够抵挡腐朽的破坏，而且还能因此获得繁荣。

而威尼斯人并不会把这座充满矛盾性的城市视为理所当然，而是持续不断的努力，利用每个时代最新开发的科技，努力去打造威尼斯的海陆关系。早期的威尼斯人利用农业土地的排水技巧使柔软的泥床适宜居住，并且（重新）创立了建造建筑物的规则，当时甚至允许建筑的地基可以有一定幅度的移动。而将上述建立的部分作为垫脚石，"机会主义"的桥梁就像荆棘一样在124座岛屿群之间散布开来（Windsor，2015）。然而，湿滑的水依然危险，因为泛滥的洪水事件经常导致市民丧命，所以筑起了海堤，两条主河流被改道，这样一来，市民就能够在流动的河水（Po's shifting water）不断入侵时得以幸存。如今，市民用现代的科技，比如摩斯（MOSE）门闸去阻挡潟湖涨潮而带来的最具毁灭性的冲击，以及它们对城市空间的破坏性入侵。在一个平行的威尼斯中，海洋环境可以合成一种人工珊瑚礁形式的生物技术，从而可以积极地参与到城市的生存中（详见第8.5章）。

　　威尼斯其实就是一个冲突范例的栖息地原型——一个巴别苍穹——它对其不稳定的环境、自身的文化和科技发展都保持敏感，同时体现了生活的奇观。然而，它的持续进化并不是由任何特定形式或者材质性能所决定的，而是由那些热爱这座城市且一直居住在城中的人们的热情所决定的。它们的许多故事在这座城市不断演变的平行空间中演绎着，将我们带入这座城市充满魔力的领地当中去。

　　活生生的威尼斯会发出像身体一样的声音。它会放屁、打嗝、发出声音、叹气、呼吸、打鼾、唱歌和叫喊。它有温暖的触感和惊人的生物多样性。事实上，从这个颠倒世界里冒出来的活石可能被指责拥有"太多"的生命特质。当然你不用仅听我的一面之词；下一次你到威尼斯的时候，就去水道附近的沉积物中寻找这些过程发生的证据吧，在此，贝类、生物结砾岩和凝状层叠石构成了标记着潮汐带的花环。在此，你会观察到威尼斯的呼吸和血脉涌动，它们抢尽了这座城市的风头，并把它翻了个底朝天。

3.7　死亡的盛宴

　　在生物设计实践中，生命和自然普遍被忽略的一个方面就是死亡，而在当今时代中，死亡就意味着失败。但事实是，腐化的过程正是生命领域得以维系的重要组成部分。

　　物质和系统本身当中就有一种固有的腐烂趋势——熵值——在设计和维护中再怎么小心都无法克服。建筑的腐化终将不可避免，这一点无论是建筑师还是那些负责维护建筑的人都是无能为力的。那么，作为一名建筑师，应该如何思考和应对呢？（Woods，2012b）

　　柔性活体建筑不会止步于生物合成的限制，还通过在土壤的生物降解过程，将生命和死亡重新连接。而能够使这些连接成为可能的堆肥并不是简单的产品；它们具有高度的异质性和代谢活性——它们并不是完全有生命的但同时也不是无生命的。这种变形的纤维织物可以有选择性地渗透到环境过程中。它们不会净化形成它们的过程，也不会掩盖它们本身材质的缺陷。

　　这种生态思想，既具有互联性的思考，也有阴暗的一面，但它既不体现在生命超越死亡的嬉皮士美学中，也不体现在对众生的虐待狂情感的炮制中，而是体现在一种偶然而又必然的怪异想法的"哥特式"主张中，那就是我们希望留在一个濒临消亡的世界：黑暗生态学。（Morton，2007，pp. 184-5）

这些赋予生命的材质，其价值超出了既定的设计范畴，并且需要在合成和耗散之间引入稳健的编排。在此，腐化的过程会被视为某种重组系统，而在这个系统中，适应甚至（重新）内部化都会成为可能。

在威尼斯，不知道从哪里出现一片海滩，就在圣阿尔维塞阿利拉古娜车站（St Alvise *alilaguna stop*）的旁边（图3.1）。从游船上下来时，就能看到海水打磨过的红砖海岸线，它是由风化的石头、塑料瓶、贝壳和海藻形成的，它们被潟湖的水流卷走，从当地一个足球场的墙后喷涌而出。城市的各种漂浮垃圾在这里堆积；一个少了一只眼睛的洋娃娃头、某张椅子的一条腿、一张泡沫床垫、一只腐烂了的鸽子、一个市集的木箱子、一条没有内脏的死鱼、生锈的打火机还有破碎的玻璃瓶。在这个非人类的天堂之中，微生物、斑马纹贻贝、牡蛎、螃蟹、海鸥和淤泥喂食者，都在不断地（重新）组织地形，并且赋予这些被丢弃的物品以新的价值和意义。

与降解有关的（重新）内部化（embodying）过程并不是纯粹的——一只死去的鸽子不会变成一只活鸽子——而是充满怪异的偶然、代谢的机会主义以及令人震惊的杂交现象。比如，一种生物可能被另外一种生物吞噬掉，但之后并不会被完全消化，而是仍然在其中继续"生存"。

如饕餮一般的菜肴有点像令人纵情享乐的美食（engastrulation）——一道奢华的美食，集中体现在无与伦比的烧烤上：世上真的没有能与其对等的烤肉菜肴。亚历山大·巴尔萨泽·洛朗·格里蒙德·德拉雷尼埃（Alexandre Balthazar Laurent Grimond de la Reyniere）在19世纪早期发明了这个名字，他是一个极其古怪的人，以至于他为了知道谁会参加他的葬礼而伪造了自己的死亡。烧烤的部分包含了多种鸟类和调味料，其食材包括一只大鸨、大鸨其中塞了一只火鸡、然后是一只鹅、一只野鸡、一只鸡、一只鸭、一只珍珠鸡、一只水鸭、一只丘鹬、一只鹧鸪、一只千鸟、一只凤头麦鸡、一只鹌鹑、一只画眉鸟、一只百灵鸟、一只圃鹀、一只园林莺、一颗橄榄、一条鳀鱼、一颗单头刺山柑以及层叠的卢卡栗子，然后在每只鸟之间还塞了肉和面包。然后将整个烧烤放进一个完全密封的锅内，浸泡在洋葱、丁香、胡萝卜、切碎的火腿、芹菜、百里香、欧芹、木樨草、

图3.1 在潟湖中，一个由石块砌成的海滩进入了水流的系统当中，它与垃圾堆混在一起，形成了一块奇怪但却没人占据的领地。绘图由雷切尔·阿姆斯特朗和西蒙娜·费拉奇纳提供，意大利，威尼斯，圣阿尔维塞，2015年9月

咸猪油、盐、胡椒、香菜、大蒜和"其他香料"之中，然后小火慢煮一整天（Durack，2007，p. 419）。

当我们将生命的网络和死亡的网络融合在一起时，我们欣赏堆肥价值（物质和社会价值）的能力便开始出现在进食、哀悼、葬礼和埋葬的仪式过程中，而这些仪式发生在生命与死亡之间连续的不同时刻。在西方文明中，生与死被习惯性地视为一种二元存在状态，然而我们还是会发明一些名词去形容每一个生命转变阶段临界点的特殊状态（比如受精、胚胎发生、成熟、衰老）以及降解的过程也会有一系列名词（比如自溶、腐败）。当然，语言也可以跟假设相矛盾，比如孢子形成在假设中指的是生命的一个类似死亡的阶段，而降解则引起了活跃的死亡过程。然而，这样的语义并非无足轻重；因为对一个躯体的活力状态的混淆，可能会导致对一种特殊生命状态的完全放弃，而其相关的潜在价值也会因此被摒弃，最终还有可能受到压迫。

死亡其实是一个两段化的过程，断气是一个阶段，但是之后你会醒来，而且这个过程会像炼狱一般：你感觉不像死了，你看上去也不像死了，并且事实上其实你也还没死。但是……你正在逐渐失去"你"，但"你"似乎完全不在乎。你分散的部分会被收集、汇聚和统一起来。镜子会被放在你面前。你会第一次真正地在完全没有掩饰的情况下看清你自己，并且看到的真相才是最后终结你的生命的原因。（Eagleman, 2009, pp. 43-4）

3.8　分离

生命不是一种独立的现象。它取决于许多不同物体的活动——包括活的和死的。物质的重新排序会在生态系统中不断发生，在此，有机物质会被不断吸收到那些维持生命的代谢交换网络中，使生命得以延续。

曾经，鱼、甲壳类动物、大蛤蜊海丝（Pinna nobilis）、巨型桶水母（Rhizostoma octopus）和罕见的珊瑚虫都成群结队地沿着摩斯（MOSE）门长达一英里的岩石和23000吨重的混凝土地基爬行。在这里，它们在一个充满光照、富含有机质且拥有温暖海水的"完美风暴"中茁壮成长，同时这样的环境也是地中海南部和红海中的典型地貌特征。

然而，到了十一月份里阴郁的某一天，巨大的屏障第一次被启动了。这堵智慧的机器门像沉没的船只一样不断旋转，它们的传感器不断测量着风、水位、浪潮、压力数据，然后它的躯体在海里撞击了几个小时，直到浪潮退去。在数英里之外，操控它们的远程计算机大脑正在军械库中一个由教堂改造而成的控制中心内部，实时地进行数学运算，并且通过这些数据去预测潟湖未来五天的动向，因此，可以预测未来是否可能再次出现水灾的状况。每一天，涨潮都会一次又一次地对这扇钢铁防御大门进行挤压，随着泥沙滴落，那些已经在混凝土基座上建立形成的礁石则会脱落，而微型"社群"也会流离失所——而这也不过是在大门与不断上升的海浪的对峙中产生的附带伤害而已。

在同一年，涨潮一直持续着，因此，巨大的铁门一直在和潮水进行着搏斗。每一次所产生的波动和搅动的水流都会持续更长（的时间），从而导致岩礁内部变得更加不稳定，而只有最坚韧的物种才能够在此生存。因此，这些被放逐的生物被迫离开它们的家园，并且不得不去找新的栖息地，同时这也使它们变成了具有地域侵略性的物种以至去哪儿都不受欢迎。

吸引、崇拜、安慰、刺激、轻蔑、创伤、悲伤和疏远：这些轮回让我们在一起，又把
我们分开——然而，并不是所有的分离都是千篇一律的。

3.9 设计与死亡

死亡的过程积极地促进了代谢群落的繁荣，这些群落在肥料中肆意繁殖，比如
死亡生物群落（thanatobiome）（Methé，2012）和与尸体相关的渐进性坏死生物群
（necrobiome），它们是截然不同但又相互重叠的生态系统，可以将已经死亡的物质回归
到生命的网络当中。

一个物质的分解过程由腐烂开始，这与常规的分解概念不同，它指的并不是将物质分
解为不同的部分、碎片或者构成分子的原子。腐烂是一个非碎片化的分解方式，在腐烂的
过程中，所有的事物都还与腐烂实体保持着原有的联系。在没有统一的尺寸和相应的测量
情况下，整个过程会保持一种连续性。因此，腐烂所带来的分解过程体现的其实是某种终
极柔性（或者黏性）的逻辑，其中持续性是浪费结合力和不可能拒绝这种结合力的结果。
整合也是不可能的，因为范围和尺寸不再维持其形成力量的能力。腐败在分解过程中会产
生一种黏液样的连续性。（Negarestani，2008，p. 187）

这些群落并不局限于其共生和寄生的解剖学界限。

我"自己的"身体是一种材料，而目前这块充满活力的材料却并不完全属于人类，或
不只属于人类。我的肉体中居住着不同类群的外来者……人类基因组中的基因大概也就
20000多个，而活在人体微生物群中的细菌集体拥有的基因至少是人类基因组基因数量的
100倍……因此比较准确地说，我们是大量的不同类型的生物体组合，栖息在一组相互嵌
套的微生物群当中。（Bennett，2010，pp. 112-3）

当死者失去对其免疫监视系统的控制时，代谢性死亡的网络逐渐衰败，并且表征人体
和微生物群之间有益的关系且双方都乐意维系的平衡状态也会被完全改变。那些警觉的白
细胞会在不同细胞之间游走，以确保人体生态系统中的所有因子都为一个共同的目标——

维护人体的存活而工作，而一旦循环系统崩溃，这些白细胞则不再有效地巡视肠壁。因此，现在没有任何东西可以阻止细菌尽情享用营养丰富的多肉大餐，它们肆无忌惮地在每个器官中尽情肆虐。而这样的"狂欢"还会迫使其他细菌也加入它们的盛宴然后进行疯狂的繁殖。事实上，这些复制和消耗的过程在快速增殖的细菌群体中是如此紧密地联系在一起，而进食和繁殖变得模糊——甚至完全就是一件事。与此同时，尸体则会从内到外被掏空，因为具有毁灭性的化学混合物会从损坏的细胞中泄漏出来，并且进一步帮助分解组织，让它们成为死亡生物群落的现成食物来源。由于没有有效的外部力量来对它们的食欲进行约束，细菌最深层的欲望就被完全释放，因此活力丧失的整个躯体终将不可避免地被细菌同化。

死亡分三种。第一种是身体停止运作。第二种是当身体被安置在坟墓中的时候。而第三种则是在未来的某个瞬间，你的名字被最后一次提及。（Eagleman，2009，p. 23）

3.10　城市（畸态）瘤

在现代的城市中，降解的过程与疾病相关联，因此会被驱逐到受控的环境中，比如垃圾处理系统或者地下坑渠中。在中世纪的城市中，生活垃圾会直接被抛到马路上，或者像威尼斯那样，排入运河中。这些"原汁原味的黏稠浆液"其实就是一系列的平行空间，（如果）有可能以规范化的形式处理废物并使其腐烂，从而能够产生出另类的和令人惊讶的生命形式。

围堰撞击在百米长的里约河段，将其与液体高速公路的其余部分隔离开。宽大的排水接管，和人的头差不多大，像巨大的水蛭一样把里面的东西吸干，留下一层板岩灰色的淤泥——这就是几十年城市堵塞导致的症状。昨天，这里几乎就是一条小巷，只有15英寸深的水在6英尺厚的泥土中流淌；如果给予数亿年的时长——在这样的地方，生物可能会死去并以化石的形式醒来。

在疏浚现场，一个小巧的拉铲正在小心翼翼地刮着泥浆，就像从正式餐桌上舀汤一样。它把淤泥倒进一辆装有倾斜式漏斗的轮式车辆，漏斗在临时轨道上来回移动，并将它们舀进一艘驳船上。这个过程会一直持续，将各种有毒的混合物倒进一连串容器的肚子里，直到遇到拉铲不能解决的东西，就轮到铲子出场来铲除了。

挖掘的工作从缺了一角的大理石门廊脚部开始，一直到建筑物的干泥台阶下面。在此，强有力的铁锹像岩虫一样筛分泥土，而这些岩虫与泥土没有什么区别。他们在自己的面具背后叹息，屏住呼吸进行尸检。内脏散落在古老桩基的脆弱骨架上，而在坡道上蔓延的公用设施的肌肉也在维修被侵蚀的建筑地基和城市水网管道（gatoli）的过程中被损坏了。

在城市网络的深处，城市基石的缝隙之间，一个城市（畸态）瘤，突然暴露在能将其肉体吞没的光线下。对的，畸态瘤，由泥土构成的有组织的肿瘤，在城市中产生了一个城市。就如同其肉体的对应物，它是这个大躯体的微小和精神错乱的版本，完全没有明显的内在逻辑。因此，尽管它的结构是如此熟悉，但其缺乏正式的体系结构关系。在这块特殊的样品中，建筑的细节可以追溯到14世纪，包括门道、屋顶、楼梯、窗框，以及廊道柱，它们看起来有点像牙齿，或者说头发。如果展开进一步调查，囊状的门往往都在建筑上层，密集的屋顶沿着水道一侧堆积，皮状窗户绝望地倾斜倒在树林一般的柱群当中，一连串楼梯间似乎无处可去。然而，这个地方却是一些厌氧生物体的家园，这些生命在日常的生活中没有地面和海拔的相关概念。因此，它们打开阀门进入停泊区，把它们的生物膜晾在阳台上对着别人喊叫，结伴成群地在屋顶上相互打招呼，似乎它们的整个生活都是在楼梯间度过的。这样看上去似乎完全没有逻辑（仅仅在楼梯，阳台和屋顶活动），但如果你能走上去和它们对话，它们就会告诉你，有的地方根本无法进入，所以对它们来说，放弃这些空间是理智的行为。

但在某个节点，某些人终于决定要将这些所谓的"杂乱"进行清理，而有毒的浆液最终也被送到垃圾处理厂，然后作为圣米歇尔岛的地基正式倒入海底。

3.11　暴动与死亡

表征着死亡代谢网络的物质难以控制，它们无法安抚人们的礼貌情感，也不会去追逐什么理想，它们会做的就是将死亡、消逝、腐烂、堆肥和腐化的过程结合在一起。当它们在生命领域中找到新的环境或者新的组织模式时，它们就会变成天使、魔鬼或者其他混合体的合成基质。

这种连续性和具体化的决裂正是进化的基石。

死亡的活跃过程是柔性活体建筑具有颠覆性的主要诱因。它们解释了柔性活体建筑具有深度的持续演变性质以及能够开启并支持新生命涌现的可能性。甚至连一个有机体的"失败"也可以通过腐化过程得到恢复，并给它提供一个再次获得活力的机会。极端的分解混合物会带来困难的抉择，但这也使生命能够在最极端的环境中和最不稳定的条件下生存下来。柔性活体建筑能够接纳非常宽泛的策略、程序和价值观，即使其中一些信仰体系彼此存在冲突也不例外。

对于衰变来说，柔化和瓦解是同时发生的，因为维系形态的动力会被多孔介质力学（poromechanics）所取代。而在多孔介质力学事件中，所有的坚硬的东西都是以柔软的形式存在的（the hard exists through the soft）。衰变的起始线与化学的起始线相对应，从内到外，从硬而固化的连接部件到柔性的部件。化学是从内部开始的，但它存在于表面；可以这么说，本体论只是化学的一种表面症状。腐烂能够从坚硬的东西中榨取柔性，使本来坚硬和腐败的工厂能够孕育出柔性，即使对于无定形的物质，它也是无个性特征的。腐朽的柔性被认为是其反讽的产物。（Negarestani, 2008, p. 187）

在这众多杂乱的相互竞争的利益当中，并不是每一种结果都能延续生命的全部遗产。由于堆肥过程中产生的代谢活力，有的规则演变会导致极端的转变结果，如蛆虫的迁移导致它们所在场地的养分丧失。尽管无法保证是否会有大团圆结局，但积极参与死亡的过程其实是有机生命世界能够维系的核心原因之一。许多恢复行为都在堆肥过程中得到了提升，在这些过程中，生命和死亡的每一次重复都可能使生命的平行轨迹成为可能，这在悲剧和灾难之后最为重要，因为它们急需优先考虑特定价值。为了应对我们当前的生态环境破坏，柔性活体建筑并不寻求匀质化反应、缓解痛苦或者改善困境之类的解决方案，而是通过与平行世界的协商来建立新的（物质的）外交和调停的形式。

3.12　地下水道

尽管生命最早的秘密可能是在深海的地热喷口中剧烈地孕育出来的，但在一个平行的领域中，最有效的物质转化场所可能就存在地下水道中，因为它们能生成能够感染我们的奇怪生命形式。

我在"这里"的某个地方丧失了我的嗅觉。我真不小心，它肯定是被困在其中一个城市水网管道（gatoli）里了。

一根缠在一团浮渣中的棍子像探针一样向我招手，于是我卷起袖子，把它从泥浆中捞了出来。

三个男孩吃着雪糕，跟在他们满嘴牢骚的保姆身后——为抱怨而抱怨——他们站在人行道上脸朝下对着我偷偷地笑，眼睛盯着如同水仙花一般富含沉积物的水域。（但是）我不在乎，我得把它拿回来。

当我在堆积的污水中钓鱼时，我不断地自我安慰说没事，威尼斯曾经是欧洲最干净的城市之一。当其他市民把他们的垃圾扔到繁忙的狭窄街道上时，这里的潮水每天会将居住区的垃圾推向大海两次。威尼斯人很有智慧地开发了"引流"（fognatura）系统，它是一种独特的由重力驱动的垃圾加雨水的排泄系统，而这个系统流经这些人行道下的城市水网管道网状结构。

我像一块磁石一般调整了位置，用力地去闻，但仍然没闻到任何东西。

我最后一次看到它的时候，它像头足类动物一样，在一家烘焙店的门口附近快乐地蠕动着，对着一块杏仁味的羊角面包流口水。我拒绝了它，但只是暂时的，因为它贪吃还极其狡诈。

我又一次大口呼吸，只是为了确定我是否是在一个有益健康的地方。今天，整个城市大概安装有140个小型生物废料处理场，还有超过6000个化粪池，但它们并不是均匀分布的，并且这个城市陈旧的拼凑式循环系统也无法满足城市的排泄需求。

我不太确定是否有臭味，于是礼貌性地去询问了几个正在看地图的游客，问他们是否能嗅到恶臭，但他们没理我。我气急败坏地走到了一个满是苍蝇的绿色垃圾箱前，用我的棍子去叉某个带有强烈气味的东西，以便作为诱饵。法国软干酪，这东西究竟在垃圾桶里做什么？简直无法抗拒。

我将这块液态奶酪穿在棍子的一端，并把它杆进了砖缝之中。一团鱼马上游过来包裹了这个诱饵，但这个并不是为它们准备的，因此我用手拨弄了一下水把它们赶走。

石头的碎片因为陈年淤积而松动并散落在法国软干酪上，我得尽快行动，否则这个管道出水口可能会在有害污染物的压力下爆裂。

然后我看见了它，它喜滋滋地挥舞着它的紫色触手，吸盘朝上地奔向那块奶酪。我迅速地抓住了它，并用湿润的衣袖将其吸起。

这地方臭死了。

合成：纠缠的材质、工具和方法

这个章节将介绍在柔性活体建筑的原型创造中特定的概念和工具。本章将会引出一个扩展的工具库，用于发明创造和居住空间的平行模式，这些模式包括（超）复杂的纤维物（fabrics）比如土壤和另类（模拟）的计算形式。

4.1 自然作为科技

建筑是无机并且无生命的。但在其生命周期的一些时段，它们又被认为具有活体生物的功能。建筑学运用了一系列隐喻性的惯例，从而给建筑赋予生命……甚至有人认为建筑含有某种机制，或者至少某种能力，使它们能够应对自身所处环境随着时间推移所产生的变化。（Cairns and Jacobs，2014，p. 11）

将自然系统用在建筑、城市甚至星际尺度的设计和工程中，需要比单一的工业技术更为广泛的工具库（Morris，2016）。那些制造柔性活体建筑相关材质的最大挑战（详见第2.2章）并不是生物与机器对立的问题，（因为）两者之间不存在此消彼长的跷跷板关系，而在于多种操作系统之间的合成——比如生产（the made）和出生（the born）这两种概念（Kelly，2010）——它们可以协同工作从而将新的制造形式原型化。

一种对现代（工业）社会彻底颠覆的世界观几乎是无法想象的。新形式的工业革命——一种以另类的能源产生和分布的生产方式为基础的工业革命，继续奉行消耗资源的基本原则，而没有改变支撑经济繁荣的基本模式（Rifkin，2013）。事实上，如果能源对所有人都是自由获取的话，那么现在的"能源"危机则会将斗争的矛头转向与物质的斗争，只要找到可用的原料去支持那些能够产生能源的过程，就可以进行无限制的能源消耗——甚至我们消耗的速度都不如世界能源再生的速度。

我们当今的制度与底层架构已经无法满足将要到来的生态新世。那些曾经代表了正义、秩序以及财富的社会、政治和经济系统都将从物质世界中逐渐脱离，人类世界在我们周围展开噩梦般的场景时，我们几乎成了旁观者。然而一些顽固的、超越工业化和社团主义等级制度的反叛之苗却正在蔓延、外溢到没有规则的空间，并将自己确立为一种为新的经济、文化和社会综合而生的新兴平台。比如，区块链：一个复杂的、加密安全的分布式账本，通过一个共享数据库对数百万台不同计算机上的数百万事件进行协调，并因此而产生了一种可以建立全新秩序的新型基础设施。区块链的"价值网络"使一些已经根深蒂固的界限（TEDx Lausanne，2016）之间的跨越变得可能，而这些越界行为不受地理、政治、经济、身份或纪律等现代二元系统的约束，因此平行的存在模式则变成了可能。那些曾经形成我们认知和经验的清晰的、非此即彼的差异，现在被一种全新的、更具影响力的法则所取代，变成了一种与现实世界更为柔性和过渡性的关系。新兴的发展包括为建筑师设计的智能合约，这样他们可以重新获得更多的影响力，同时简化利益相关者之间的关系。即便最后并不能成功——柔性活体建筑也会对多种事物进行实验，包括另类的制作形式、社会结构、交易合约、殖民的类型、身份的表现以及技术平台，从而实现建筑的平行模式并探索如何居住在这些空间的相关方式。自古以来，变革本身都无法与失败的风险分离，但是一旦这些实践的形式能够成功，那么能够从这些探索中所发掘出来的系统则会带来惊人的、包容的、复杂的世界观。其中，巴别苍穹/生态圈则会逐步成形——一开始作为某种关系，然后作为一种投资，而通过它，社群则能够繁荣。这种具有包容性的、实验性的、生态的世界观集合了各色各样的资源渠道以及许多不同的相互作用的个体，它们都致力于发展一个共同的目标，那就是实现巴别苍穹（DeLanda，2002，p. 26）。

　　虽然互联网以及区块链社区的发展使得文化跨界变得可能，而与此同时，生物科技的发展则创造了另类物质文化的可能性，一种与工业开发所带来的环境影响完全不同的实践。它们的设计和工程建设进程已经拓展到了细胞的内部运作领域当中，但它们的影响范围却不仅限于自然系统的极限。分子生物学（Molecular biology）和复杂的化学（chemistries）反应体系——比如原始细胞、动态滴液和无细胞生物合成系统——也被赋予了类似生命的机构，并且可能通过与自然世界中最具有代表性的代谢交换过程进行配合，从而加速催生柔性活体建筑的产生。事实上，在已建成的人工环境中，生命转折的原点——向活体物质的转变——的确是有可能的。如今，柏油和混凝土沙漠构成了现代城市的基础，而它们自身的性质却对生命系统充满了排斥。而这些混凝土沙漠其实可以被更具生命性质、类似于泥土一般物质所组成的社群所取代。将广阔的代谢网络移植或播种到城市环境中，让整个星球的肥力得以提高，甚至能让充满自然的国度存在于最极端的环境中。就像母体之树那样丰富的网状系统（Howard，2011），这些难以控制的柔性活体物质形式可以比作树状网络的混合根系，其中高度异质性的媒介群落（如真菌菌根、线虫和固氮细菌）建立了促成自然存在的合作模式，并使得"生命"能够存活。这些充满活力的编排超越了任何单一物种的考量，并且通过提高空间的肥力，支持生物多样性群落，从而将承载自然网络的能力（容量）加载到我们所处的环境当中。

对柔性活体建筑、材料、文化和方法论的原型设计都必将超越目前科学准则的界限；因此，结果可能会引发平行世界的存在，从而增加我们所在环境和生活空间的活力、多样性以及我们对它的理解。

4.2 计算的模式

这幅转轮的图像就是我们的世界。在其中，物体和网络之间戏剧化的互动关系变得肉眼可见。无数的物体在我们生活的空间中环绕，有些对我们有威胁，有些则无足轻重。汽车里的物体与那些地面上或室内的物体相互影响，从无数的关系中耦合或分离——相互吸引、无视、毁灭或解放对方。而这个过程绝非游戏：在这个过程中，我们的幸福甚至人身安全都会受到威胁。（Harman，2010，pp. 4-5）

计算机运算（的思维）对我们这个物种至关重要。它是一种思考和实践的模式，它让我们可以将纷繁复杂的世界进行整理和秩序化，从而建立价值体系，也因此可以获取新的知识。而合适的运算形式对于柔性活体建筑的开发也是非常关键的，它们可以体现和表达基本的道德准则和方法，从而将柔性活体建筑的实践定位到一种世界的哲学观念和视野当中。

数字计算是一项现代发明，它是全球社会得以统一运转的底层架构；它的存在基础是符号化的语言，同时也是一种基于决定论的世界观。它的计算发生在一个隐形的、充满无质量电子的虚拟场景当中，这些电子被编码成1和0（"位"）的模式。根据一组指令或算法，这些数据进一步分组为"字节"，并移动到中央处理单元内的不同物理存储区域。在编译时，它们可以共同执行特定的"应用程序"或"应用软件"，从而为各种电子小工具带来功能（Epstein，2016）。尽管数字领域是一个为通用计算而设立的平台，但它却呈现出一种两极分化的世界观，这种世界观只认可一种观察、排序和分类世界的方式——一个通过启蒙运动的伟大剖析所识别并定义的、由各种零件所组成的世界。

我们更容易通过生命的"缺失"去理解生命，而这也是我们对生命现象的主要（科学）理解方式，并不是通过对它们的激情去理解生命起源这个奇迹。通过简单的减法、缺失就能鉴定出使生命活跃的因素。让我们把心脏、大脑、内脏、头部、四肢、眼睛、基因以及灵魂都去掉，然后静静地看一个奇妙的、错综复杂的、交流的系统编排崩溃掉。在那里，就像一场中世纪以神明的名义执行的酷刑一样，这些明显缺失的反而就是曾经有生命物体存在的强力证据。既然事物的本质可以被孤立和抹去，那么它现在就可以被理解了。到底什么样的囚笼才能平衡这些理论，而这些理论的最终定论是，事物的属性都会被一个巨大的"句号"给限制住。

由于数论是数学知识发展的基础，那么在数学的世界中，方程式代表了其中的生命物质的各个部分。但是，还存在更多形式的计算符号，如与一个代表性的扩展组合在一起的定量计算。这种非常规的计算形式是以无理数为基础，无理数不能被完全整除，因此属于无穷，弗朗索瓦丝·查特林认为与其说有理数的有限性，不如说它更像是生命（Chatelin，2012）。如此一来，我们应该计算什么、为什么和如何计算就变得具有争议性了。忽视计算中的各种可能性限制了我们发明和适应不断变化的环境的能力。在工业化时代，数字过程在很大程度上取代了模拟计算模式，而大卫·多伊奇（David Deutsch）则提醒了我们，只有物质世界可以被数字计算，而在物理和数学领域中所有其他形式的计算都是抽象的（Deutsch，2012）。

尽管大自然的计算速度比数字平台慢得多，但那是因为它的因子不是符号化的，而是由生动的物质组成的。它们具有质量，能够对其内部状态或环境的变化作出反应，因此可能会以令人惊讶的方式表现出来，而我们可以利用现代物理和化学手段观察、表征和测试这些变化。大自然能够通过它的许多物质迭代来"计数"事件，这些物质扮演着数字的角色：一个轨道路径、一个脉冲、一次振荡、一次眨眼、一个脚步声、一次肠道的收缩、一次潮水以及一次降雨。这些事件都不是可精确量化的、不自我相似、不具有常规、也不具有普遍性，但具有持续性。它们其实都是自然的"节拍"——生命世界中对应于数学世界中的数字系统——但却与数字截然不同。就如亨利·勒菲弗尔（Henri Lefebvre）所记录的。

这种空间历史的出发点并不是在对自然空间的地理描述中找到的，而是在对自然节律的研究中找到的，以及通过人类行为（尤其是与工作相关的行为）对这些节律及其在空间中铭刻的，并在不断改良的研究中找到的。然后，它随着被社会实践转化的自然时空节律而开启。（Lefebvre，1991，p. 117）

那些可以被用于实验的自然计算机的案例（详见第4.2.2章）使用的都是钟摆系统，比如贝卢索夫·扎布廷斯基（Belousov-Zhabotinsky）反应（Belousov，1959；Zhabotinsky，1964）以及通过脉冲形式连接的黏菌菌落管道（Adamatzky et al.，

2013），这些都能在宏观尺度清晰地被观察到。对于自然计算的输出来说，更高层次的组织是模式的形成，这些可以揭示有关于生产它们的环境的信息，类似于天气预报的方式。然而，持久或循环的模式也可以作为生成的过程和一切活动的枢纽，并且为预测提供支持。当然，它们的预测结构是概率性的，不能成为事件的绝对指标。

4.2.1　计算与人类

在1822年，查尔斯·巴贝奇（Charles Babbage）发明了差分机（十进制），当时人们还是在使用比较原始的"计算机"，而当时的计算机的运算并不是全自动的，而是靠大量的人通过对函数表的套用进行操作的，因此容易产生人为的错误计算。而差分机的目的就是要将这些人为的误差通过自动化和标准化的方式进行处理。后来由于制造机器所需的高昂造价，这个项目就被遗弃了。但随着电子科技的发展以及对戈特弗里德·威廉·冯·莱布尼茨（Gottfried Wilhelm von Leibniz）的二进制代码的应用，通过对冯·诺依曼（von Neumann）信息体系结构和图灵机的使用，那些长期困扰着计算机的技术难题还是逐渐被攻克了。而在这个平台的基础上，则孕育并催生了今天的数字化计算机科学的崛起。

在生态新世中，生命世界处在持续变化中，而在工业时代中所调配的标准和基准点则开始备受质疑。当面临如此大的不确定性时，我们的感知以及过去的经验就变成了在反复多变的空间中，能够引导我们前行的化身。的确，当面临的挑战达到一定的复杂度时——比如确定某个介质是否真的是"智能化的"——比较（主观的）遭遇就会提供足够的信息，从而让我们可以做出（可能不完美的）决策，这正是艾伦·图灵（Alan Turing）在他的模仿游戏中所采用的策略。但是，如果我们要在未经开发的地形中进行开拓工作，并希望以不同的方式占领它们，那就没有必要通过传统身体的体验来对这些不熟悉的领域进行校准，因为它们的感知和物理规律被传统的认知所束缚。更确切地说，我们需要采用超凡的感性和激进的身体，去质疑另类的思维、创造和居住空间模式。

传统的马戏团艺术挑战了我们对自身机能（的表现）的常规认知，因此它们要不断地去应对意外和特殊情况的出现——雄壮的女性、超能的身体、雌雄同体、早熟的少年、变异的非正常人类、多重或跨物种的嵌合体。在这里，性别标志在功能、审美和社会层面都是模糊的；并且传统的集体观念对家庭、生物类别、社会组织、劳动、经济和政治等概念都会形成挑战。事实上，马戏团内的成员都是亲朋好友，在一个相互信任的社会中紧密相连，它们会一起参与各种表演行动，并在其中相互维系对方的生存。

他们将蔬菜丝编织成网并将其发射出去，相信可以通过这种方式去挑战天空的极限。他们顺着纤维的上升轨迹持续行进，就当他们快要到达顶端并将要转头向下坠落时，却被固定在了柏油盖上。感受到了无法想象的重量，他们的眼眸溢出了眼泪，鼻子也被堵上并且心也被碾碎。他们私底下在想，当下是否就是自己最后的一口气，但由于彼此之间的爱意它们依然坚韧，他们其中的少数人利用散落的网架建造了"餐具"并组织了"最后的晚餐"，一起将"天空面包"撕开作为一场有尊严的告别，相互的告别。"祝你胃口好"，他们一边说，一边把刀叉插入即将到来的恶心东西里，很快，他们变得哽噎但却开始咀嚼。如此，他们就这样一路吃到了它们世界的顶端，像刚进化出来的野兽一样，跌跌撞撞地来到了一个陌生的地方，而没有足够的防备。他们眯着眼睛，望着头顶的天空，却无法用语言形容他们所看到的景象。带着无限的创造性自由，他们开始建构新的理想、新的实践和一个可以在其中茁壮成长的平行空间。

马戏的知识会潜移默化地融入身体当中，从而会生成一种非常混杂且主观性的认知，而不是像一般我们所知道的对世界的理性认知。且在这种认知之中，道德和主观感受都是深度植入本能当中的（Hughes，2016c）。作为对社会的物质欲望和焦虑的"展板"，马戏团的本身不仅仅是一种奇观和对生活事件的持续表达；它们还会提供了一种彻底的潜在力量，可以用来重新创造和评估生存的条件，包括生活的所有方面——物质的、社会的、生物的、天文的、文化的和哲学的。马戏团将这些虚化的概念转变成为对化身、社区概念和居住模式的极致表现形式，这不仅仅是我们自己的一面镜子，而是在对我们的极限和期望进行批判的同时对我们进行迷惑和讥讽。艺术家们不断利用他们潜移默化的知识，通过他们的骨头、肌腱、心脏甚至是身体其他不为人知的部位来进行"发声"。用一系列不同的独特器具、设备、材质和技巧去探索身体的想法，比如吊环、秋千、摇摆板、魔鬼棒、独轮车、摇摇板、德国车轮、高跷、独立梯子、单杠、滑线、紧线和烟火手法，马戏团的实践倾向于一次探索多个概念或技能——比如在平衡的同时玩杂耍——要的不是远离风险而是拥抱风险，因此不太可能发生的事情就有可能一起发生。马戏团的表演会将我们从简单常规主导的思维模式中抽离出来，从而让我们感受到平时现实中不存在的丰富性和矛盾性。它用最尖锐的方式提醒我们，什么才是真正的危险。

4.2.2　自然计算

艾伦·图灵对自然世界科技潜力的兴趣激发了"自然计算机科学"这一术语的发

明，这个领域包含了一系列相互交叉的科学实践，而这些实践又会被不同的学科进行解读，比较响亮的类型比如形态计算科学（morphological computing）和非常规计算机科学（unconventional computing）。形态计算科学是自然计算机科学的一个门类，它起源于机器人和工程领域。它已经开始利用材料的形状和非线性的特性，来提高计算效率（Pfeifer and Iida，2005；Füchslin et al.，2013）。而非常规计算机科学则是一个信息科学（information technology）的分支，而它产生的目的就是要让计算机科学变得更加丰富，甚至超越标准的计算机科学模式。比如图灵机和冯诺依曼的系统建构，它们都在计算机科学界长达半个世纪的时间跨度中占据了极其重要的地位（Adamatzky et al.，2007）。这些另类的计算机系统对柔性机器人（Shepherd et al.，2013）的领域，黏菌计算（Adamatzky et al.，2013）的领域，以及反应衍射计算领域（Adamatzky and De Lacy Costello，2003）都有启发，因为它们为处在非平衡状态的物质将会如何反应这项难题提供了焕然一新的洞察。

自然计算机科学利用活体物质自身的机制，为不同类型的模拟编程（analogue programming）去创造一个汇聚的平台。它像一扇"逻辑之门"（Adamatzky and De Lacy Costello，2002）或者通过数字信息化模型的实践（Zhang，Györgyi and Peltier，1993），在物理和信息领域之间形成交互界面，但同时不会对类生命的结构进行消减或虚拟化。而当自然计算机科学的技术最终被柔性活体建筑所使用时，那我们生活空间的特质则会被改变。

4.2.3　耗散性结构

活性物质，在不违背已经被设立的"物理定律"的基础上，很有可能包含目前所不为人知的"其他物理定律"，而这种物理定律一旦被揭示，可能就像之前已经被发现的规律一样，被容纳成为科学系统的一部分。（Schrödinger，1944）

耗散系统（或结构）的形成源于自相矛盾的环境条件（paradoxical condition），而在这种条件的影响下，产生了能被自然计算机数据运算的动态因子（operative agents）。而它们同时又可以被视为结构和流动力量的表现，而流动的力量则是由能量/物质相互堆叠的磁场之间的拉力所形成，比如对流、湍流、非周期晶体、气旋、飓风和活性有机体。耗散性结构是非稳定的，但却是一种可以同时经历区域性和系统性复杂化的动态因子，并且具有可复制性，包括它的特征、构成模式以及持续的振荡。这些熟悉的细节可以让我们理解它们并且去预判它们大概会如何演绎——尽管，想要准确无误地去预判它们的行为确实不太可能，因为它们的属性很大程度取决于它们所在的环境。它们的轨迹其实是通过无数的局部物质相互作用"计算"出来的，而不是由它们内部的随机事件所驱动的。要去设想一个耗散性结构，可能最好的方法就是去想象龙卷风的生命周期，它的产生主要源自于两股大面积的、冷和热的气场之间的碰撞。而所产生的旋涡，或者说"旋转力"，就形成了一个具有高度动态的结构，而这个结构会进而生成一套非常有辨识特征的行为，而通过这些特征和行为，我们可以对龙卷风这种耗散系统进行识别和预测。然而，世界上任何的两个龙卷风，在它们存在的任何时段，是不可能完全一模一样的。如一切耗散结构一般，一个龙卷风的存在性其实超出其自身的"物体边界"，因为会有成片的物质和能量不断从起身体中外溢。而这也是为什么观察者能够在龙卷风到达风暴眼之前，就能在风中感受到它们的存在。

耗散性系统也可以将自身重组，形成更为复杂的结构组合、几何形状或者波动这些迭代的装置——或"自然的"计数系统。这些可以被有序化从而生成一系列可被编码的输出，而它们的运动和分子"计算"可以产生力场干扰（field disturbances）。比如反应扩散波（reaction–diffusion waves）就是这样的一种系统，它会松散地将物体连接在一起，形成它们周围的环境，或者让它们相互抵消。当活性场存在时，系统从未真正崩溃到零的状态。这样的一个过程可以通过基于时效性的物质系统而被可视化，比如贝卢索夫·扎布廷斯基（Belousov–Zhabotinsky）反应，同时也被称为"反应—扩散"计算机（Adamatzky et al.，2005）。因此，耗散性结构倾向于为下一次与自相似（但不完全相同）现象的迭代创造条件，直到达到相对热力学平衡。

严格来说，尽管并不是所有耗散性系统都能满足"生命"的准确定义，但所有的"生命"却是一个耗散性的过程。随着时间的推移，在适当的环境下，它们增加了在其组成场域内发生类生命的事件的概率。事实上，耗散性结构与一个结构演变的独特理论有关系：耗散适应性（Wolchover，2014），在这个理论中，一个开放的环境中，处在远离平衡状态的物质会自我组织形成越来越有序的排列方式，并会越来越有效地向周围释放能量。换句话说，耗散性结构可以动态地转化其自身的组织程序但却不用一个中心化的编码。这些工序并不是自我封闭的，而是从根本上开放的，并且可以通过"柔性"形式的控制去逐步塑造，在文化的层面上，我们在日常生活的实践中其实对它们已经有了一定的了解，从烹饪、园艺和农业到与孩童合作、遛猫或者是柔性活体建筑制作的编排等。

耗散性结构不只是一种为矛盾体（paradoxical entities）和超复杂物体（hypercomplex entities）所设立的视觉系统的模型。它们也可以在技术层面上参与，并具有去塑造一个设计实践的生态时代的潜力。这类物质听起来很神秘，但它们的一些物质表现形式可以在日常生活的材料中辨认出来，比如土壤——所有地面生物所赖以生存的地表的主要构成。

4.2.4　意识和活性物质

非人类代理的概念提出了目的和决策在计算过程中所处的位置，以及这些系统中"意识"或"思想"的性质和方位。鉴于整个西方哲学都被投资于一种单一、中心的代理概念的想法，这种想法位于一个被认为是"大脑"的特殊器官中，而在这些已建立的观点的基础上，再想象出能够与其相对应的且有说服力的观点是具有挑战性的。然而在生态新世纪，活性物质的分布都具有随机性并且对它所在的环境高度敏感——因此为不同类型的思维/因子/意识/决策的出现带来了可能性。

随着我们对分子过程的理解不断发展，我们需要一套更广泛的观点，从而有意义地改变事件的自然进程，而不是依赖中央指挥系统来解释所有的决策。由于被代理的物质是由超复杂和动态系统散发出来的，无论我们如何去询问它们，我们可能仍然不能完全理解它们的过程。这不应该成为我们试图探索更多可能性的障碍，但是在探索时候，我们应该开发出更多的策略来应对未知或不完全理解的现象，比如耗散性结构（详见第4.2.3章）。这个世界存在一些关于生命特性的不同的视角，可以用来处理可能性、变化以及不完全性，而通过对这些另类的观点进行实验，也许可以更好地理解空间是如何被物体所侵扰的。

4.2.4.1　化学意识

在一个通过显微镜观察到的平行世界中，（生命起源前）存在形态从错综复杂的化学交融过程场域中诞生。每个躯体都是由一个内生性的场域和一个外部场域的相互作用塑造而成，进而产生耗散性结构，而这些耗散性结构则携带着感知的种子。这些液滴留下的残存物质会通过抑制剂（废弃物）、促进剂（催化物）或者物理障碍物（晶化表层）来进一步影响并塑造下一套代谢的决策，这些滴液也会形成具有转换性质的结构性地形（组织、器官、其他身体部位）。它们的化学轨迹变成了某种并不被编码在躯体中，而是通过它周边的环境所"记录"下来的短期记忆。如果行为轨迹被重复，那么就会被烙印成为长期的记录，或者相对永久性质的结构。逐渐，这样的记忆会通过一系列物理事件被侵蚀，比如扩散或者活跃的新陈代谢，其中，一个躯体的排泄物质会成为另外一个的食物来源。而这些持续不停的遭遇都会以遭遇的痕迹作为特征而被独立地记录，这些经历参与了它们的决策过程（意识、潜意识、条件反射）以及持续地对这些物理环境进行反应，直到它们坍塌至功能性死亡。挑战就在于此。由于一个意识系统的初级运作是不完全的，那么客观的评估就会忽略心智从根本上有偏见的本质，并且不可避免地会被评估者的议程安排所扭曲。确定一个制度是否有意识是一种价值判断，而精神本体论并不是中立的。

我们每个人都有一种无可争辩的印象——那就是他自身所有的经历和记忆的总和会形成一个单元，而每个人的单元都与其他任何人的截然不同。他把这一切都归为‘我’这个词，但是这个"我"是什么呢？如果你进一步对其进行分析……那么这些事实只不过［是］单个数据（经验与记忆）的集合而已，指的也就是收集数据的画布而已。（Schrödinger，1944）

4.2.4.2　定位意识

柔性活体建筑的感知属性并不是一种短暂的品质，也不是某种灵魂绑定或是神圣影响。它是通过与周边的材质关系进而表现出来的，而它将延伸到地表之中，超越传统所能触及的界限。这些敏感性特征可以通过次级的现象来识别，比如对刺激作出反应的运动，获取特定的想法、语言以及表达模式（详见第2.4章）从而阐明它们的意义。这种交流可能非常简单，但也可能非常复杂。有的时候可识别的模式有可能出现并会逐渐变得熟悉，同时与特定的存在状态相关联。比如，可能会观察到布希里（Bütschli）液滴（动态滴液）发生振荡，像渗透结构一样挤压根部，或在"火和冰"的移动锋面中起伏，这表明液滴的寿命处于特定阶段（Armstrong，2015，pp. 87–103）。尽管它们没有一个有组织的中央处理系统，但动态液滴在对环境作出反应时仍然具有敏感性（感觉），而且它们与其他液滴之间复杂的相互作用表明，感觉（意识）来自于分子层面的决策。

在没有中枢神经的系统中，决策也可以在黏液霉菌群中观察到，在它们的进食阶段，它们会采用凝胶体或疟原虫的形式（一个有许多细胞核的单体巨细胞）。菌落会对环境中的信号做出反应，这些信号通过分布在整个群体体内的生化振荡器网络传递（Matsumoto，Ueda and Kobatake，1998）。使用米哈伊·西克森特米哈伊（Mihaly Csikszentmihalyi）的标准作为一个评估系统，探索的是创造力而不是思维，它"产生于许多资源的协同作用，而不仅是一个人的思维"（Csikszentmihalyi，2013，p. 1）。一些可被观察到的规范被当作具有物理输出的空间系统进行评估，并在与"冒险性"（risk-taking）任务的关系中，被定义为化学过程（或因子）之间有意（但并不一定纯理性）的相互作用（Adamatzky et al.，2013）。这些交互得出的结果会基于新陈代谢网络，形成一套化学和空间语言的语法，而这些新陈代谢网络则支撑着疟原虫内部信息和"意义"的流动。作为一种对于环境事件的回应，黏菌会伸展和收缩它的细胞质链。这样一个没有"头脑"的个体竟然可以通过自身的外部化的介质来作出决定，这一想法无疑挑战了笛卡儿提出的思想观念，后者将内在的、短暂的因素视为智力的泉源。然而，非人类的世界并不"愚钝"，只是它们与环境接触和交流的方式是一些对于我们来说不那么清晰的非人标准。事实上，它们身体的非常规存在模式和的感知接触对于我们的理解来说可能很陌生，它们让我们感到惊奇，或者让我们产生排斥。

哈里斯夫人在这个月早些时候的一个早晨，当她从卧室的窗户向外看时，发现了这个"滴液"，"它看上去有点白，有点泡沫的感觉——尺寸大概一块全麦饼干的大小吧，"她说道，"但那已经是两个星期之前了。它现在已经长到大概16块全麦饼干的大小而且无法被摧毁了。"……尽管她尝试着要杀死它，滴液却一直存在在哈里斯夫人的后花园中。"我尝试用锄头将它切开，里面全是黑色的黏液。"……"我觉得应该是某种真菌类生物吧，然后我就将它切开并铺开。而两天之后的早晨，它又回来了，并且比原来大了两倍！"……哈里斯夫人说在之后的时间里，她丈夫也尝试对"滴液"进行一番搏斗，但是，"在上周六又把它切开了，这一次它里面是橙色的。"然后到了上周一，"滴液"又再次出现了，"这一次跟一个大圆盘的大小差不多——看上去有泡沫和奶沫的感觉而且呈现出白偏黄的颜色。"这一次哈里斯夫人对它喷洒了一种基于尼古丁的混合物，而"滴液则呈现出某种流血的状态，红紫色的液体从它身体中流出。"喷洒的液体对它有限制作用，但似乎无法杀死它。一位来自于戈隆斯（Growth International）垃圾回收公司的员工阿诺德·迪特曼（Arnold Dittman）说他对其初步的检验显示，这种膜状物质看上去像是某种无害的类似于细菌的成分。迪特曼先生捡起了滴液的一小块样本，但这块样本很快就死了。"我们没法复活它们。我们尝试了去做出与哈里斯夫人花园中同样的效果。"

"你永远都无法知道，这个看上去只是某种常规普通的细菌或者真菌的变异，或者是两者的组合体。"（Reuter，1973）

一个外置的思想是一个超体，也是一个物质流动的系统，它可以激活正在进行化学对话的网络，并因此将生命的群落进行相互连接。在这些网络中，稳定的钟摆甚至有可能会像某种幽灵般的轨迹一样，在其始作俑者离开很久以后依然残存。

幽灵其实是某种生态的印记。由于创伤、痛苦或由于它们强有力的特性，即使它们的代谢网络以一种不合时宜的方式被切断，它们也可以继续运作，就像其本体似乎依然存在一般。即便它们已经逝去许久，但它们会继续以一种旋涡般的形式维系自身的存在。但是并不是所有人都能看到这些持续的连接和互动的，只有那些与它们享有共同的代谢或者经验网络的人，才会被绑定到同一个特定的现实之中，从而能够遇见它们。这些存在并不是虚构的，也不是生动的想象；它们是真实的但却是非纯粹的物质。至于这些能量场能够持续多久并没有确切的答案，有的甚至可以维持至永恒。

柔性活体建筑并不是一具被动的躯壳，也不是用来隐藏居住空间的某种屏障。通过许多活性个体之间的居住体验，它会改变它与自然环境的接触方式。作为一种"思维"或某种自然计算的表现形式（意识与之密不可分），它会主动地参与到空间和产生特定位点的记忆的萦绕当中去。

4.3　柔性

在检查了这些看似微不足道的生物柔软而近乎胶状的躯体之后，以及当自然主义者知道这些日日夜夜都被永不停息的海浪冲击着的固体礁只在外缘增加时，他们会为此感到更加叹为观止。（Darwin，1842）

这个有机世界的柔性及其韧性的材质、融化的表层、不断演变的个体以及体态多姿的几何形态，都在违背固定的几何秩序及其对世界的解读。柔性设立了一种利于分化、成熟与衰变的场景，也因此"时间可以被物质进行被存储和释放，而不是物质被时间埋葬和传播"（Connor，2009）。在一个平行领域当中，未来威尼斯项目（详见第8.5章）探索了通过代理柔性物质进行设计的原则，即通过产生某种类似珊瑚礁的外壳，而这些外壳在包裹整个城市的水底结构基础的同时也保持了它们的完整性（Rowlinson，2012）。而这些形态特征都是通过现场的临岸线实验形成的。

潟湖一侧，我们把硫酸钙晶体磨碎，滴入邻苯二甲酸二乙酯（DEP）做成糊状，然后将其吸到一次性吸管当中。我们从大陆上买了一个简单的水族缸，用一辆带轮子的小推车从蜿蜒的桥上运过来。不像你想象得那么简单，玻璃因其弹性约束，危险地晃动起来，在每座桥上弹跳，并在每一个下沉铺装的转折处以及每一级台阶上弹跳。然后我们将容器装满礁湖的水，因此我们可以看到浑水的转化过程。一台GoPro相机在等待液滴流的过程中搅动了水槽的深处。它们如车队一般袭来，转瞬之间，清澈的滴液就硬化成珍珠状结构。它们如月亮一般明亮，在容器的底部弹跳。它们到底会有多坚固？我们尝试在水中生成人工的波浪和暗流，看这些珍珠如何滚动、变形、相互挤压碰撞并分离，就像煮熟的鸡蛋一般。它们永远不会融合，但也不会形成硬壳。在实验室中，二氧化硅的存在会使这些柔性躯壳硬化，但在自然的潟湖水中却不会，如果时间长了，或许也是可以的。但我们只有一天去进行试验，因此需要其他的机遇，让我们有更长的时间去调研滴液和海洋地表结构之间的关系可能是什么样的。（Armstrong，2015）

2016年在纽卡斯尔大学的化学外部关联实验室中，一种用"柔性"材料来产生平行空间的潜在探索方法，通过使用湿打印技术进行了实验。通过一个手持移液器——一个简单的模拟打印装置，将可变形的烧石膏熔浆的滴液滴入并穿过不同密度的流体层（图4.1）。当滴液逐步穿过这些不同的介质时，它们发生了转变——滴液的躯体变长了，如同蝌蚪一般，同时也如囊胚一般被挤压成尖团。它们在不同液体的交界处会短暂地停顿一下，然后在重力的作用下继续变形。这样一来，这些柔性的滴液就会在它们相遇的过程中被打上形态上的印迹，直到它们完全沉入到容器的底部。在这里，它们相互堆积并形成了相互交流的界面。在整个过程的最终，容器中的液体介质会被排干，然后凝集后的滴液以一种蝌蚪产卵的结构被留在那里直到干燥。

在它们最简单的形式中，柔性的脚手架遵循传统的物理定律，采纳节能的极简界面，最常见的就是球状界面，这是一种对于生命剧烈代谢交换为次优的结构。由于处在不稳定状态，因此物质会倾向于表面积最大化，以促进能量和物质的最大限度流动。这样的材质流动意味着一种与稳固几何结构截然不同的拓扑结构，这种拓扑机构可以在细胞结构中观测到，比如通过柔软的、不规则的支架像舌头一般缠在一起的内质网状结构。

物质的连续侵蚀和沉积之间的无限循环形成了今天的生命世界。柔性活体建筑则由触觉、灵敏的躯体所构成，而这些敏感的躯体则不断被环境渗透、注入并同时向环境进行回馈。它们参与了一系列更广泛的新陈代谢交换活动，这不仅改变了他们的身体形态，也改变了他们的周围环境。由（生物）化学过程的代谢尘埃所形成的痕迹，首先会像雪花一般沉淀，慢慢积累成柔软的形态，这种形态会由于晶体化的过程而被固化，然后被矿物堆积物渗透，最终成为坚固的支架。如此的一个过程会在活性物质的整体生命过程中发生，就像珊瑚一样——"它们其实是完全从有机物生长而来，加上它们的碎屑堆积而成的"（Darwin，1842）。这些千变万化的结构不仅是具体化或固化的，还涉及物质的递减和渠

图4.1 烧石膏熔浆的滴液穿过三组不同的液态界面：橄榄油、邻苯二甲酸二乙酯（DEP）、丙三醇（层次依次从上往下），记录随着它们的跌落而变形的表面。最终呈现的形态展现了物质自身的适应力和重组能力，而这支撑着柔性活体建筑的动态框架。在本次实验中，物质的柔性与"硬质"的晶体结构起到了相互平衡的作用，食用盐就是这种情况。这可以被看作是粒子产生了一场液体轨迹风暴，其中的食物颜色显示了水分子在透明的油状介质中沿着晶体的运动，而且并没有通过液体界面的下降而改变。照片由雷切尔·阿姆斯特朗拍摄，纽卡斯尔大学，2016年2月

道化。无论是由珊瑚还是蠕虫制造，珊瑚礁都是超复杂的材料，就像有机物体一样，它们会被柔性的物质穿透，然后形成一个生长界面。只有珊瑚礁的外层是有生命的，上面布满了定殖的细胞生物，而柔性物质可以不受重力的阻碍畅通无阻地穿过这些细胞生物。这些巨大结构中的每一个个体执行特定的功能，如制造催化代谢过程的蛋白质或分泌结构性碳水化合物胶。最终，这些柔软的物质会逐渐固化成建筑一般尺度的石头，它们的形态塑造和记录了上亿年来的环境事件。

叠层石保留着今天仍然存在的原核生物（prokaryotic life）的化石证据，其生物量至今仍然在生物圈中占极大的比例。对于那些赞同"有生命地球"理论的人来说，原核生物是维系地球内在稳定的核心要素，从而让生物圈内的环境能够适合其他生物生存。它们维持并循环利用构成生命本质的蛋白质的原子成分，包括氧、氮和碳（Virtual Fossil Museum，日期不详）。

4.4 制造土壤

土壤是高度不均匀的超复杂体，它们不服从原始的几何形态，但能够从根本上发生转变。

土壤参与了土、气、火和水地球上四大主要元素的循环和转化。就像我们的身体一样，它充满了渠道和路径，引导这些元素在整个结构的不同组织层次上进行有效的组合和转化。也如同我们的身体一样，它有一个确定的遗传形态（genetic form）。（Logan，2007，p. 171）

早期黏土很可能在生物发生中扮演了重要角色，通过催化和分裂物质以形成可在其环境中以活泼的聚集物形式存在并转变的结构，从而创造了陆地肥沃的反应场。随着光合作用的到来，光能量可以被收集并储存在碳物质的建筑块之中并产生生物质体，将有机的织物融入其物质之中，从而最终产生如泥炭一般有机泥土。用一系列丰富的生物要素（agent）进行工作，包括矿物质、有机物、空气、水、各种微生物、反应场、界面、元素基础设施、活性物质、亚自然状态、活性衰变代谢产物和生物制剂，堆肥过程产生了巨大的土壤。它们的挂毯不仅仅是装饰性的，还具有独特的材料特性，在高度关联的场地中得到了很好的体现。每一种织物都将土地上的物质残渣聚集在一起，并通过其硬件编织为层状，其中包括七层：地下水位、基岩、风化岩石、底土、表土、有机凋落物区和生长区。它对物质的混合和再加工可以被看作是一种调酒术，它的实质是通过非人类介质，巧妙地对主要事件和偶然事件进行协调后转变而成的。就像利用一种生命水的力量来调配一瓶优质的灵丹妙药，土壤拥有独特的、复杂的物质规律，从而避免其中的物质衰变到平衡状态。有时，用经典科学来描述的物理过程也可以达到这些效果，例如游离氧对铁等金属的腐蚀作用。但在其他时候，土壤合成依赖于生物作用，如蠕虫来产生富含碳酸盐的铸型。然而，有很大部分的土地的属性并不是我们肉眼能够监测到的，那里藏匿着看不见的力量、物质和它们的交流，这些都有待发现，甚至永远保持神秘。虽然土壤和堆肥可以通过酸性等特定含量进行客观地测量，但我们还可以通过"主观"体验和感官享受（气味、质地、风景）来欣赏它们，就像威廉·华兹华斯所描述的——他遇到"一大群黄水仙"（host of yellow daffodils）时的突然惊喜。这种繁盛是肥沃土地的一种表现，其中，堆肥蕴藏着肥沃的秘密，从各种知识实践的融合中汲取灵感，鼓励这些领域之间的相互丰富——从远古（宗教）到物质（通道）到现代科学（测算）到量子理论（反直觉）。土壤肥力运用空间、时间、物质、叙事和现象学的策略，防止了生命世界陷入永久的停滞。每当一具尸体倒下时，它们的成分都会通过堆肥的代谢网络进行分类、排序和重新焕发活力，而现存的生命形式以及赋予生命的太阳光又反过来激活了这种代谢网络。事实上，无论是生育还是生命本身，都不是单一始发事件的结果，而是源于通过一系列合成过程发生的物质激活过程。这些重新活跃的过程不均匀地分布在一个广泛的活动领域，而这个活动领域比我们通常所认知的"生命"体的离散边界所描绘的范围要更为广阔。柔性活体建筑就是一种与这些生物过程相辅相成的合成设计的模式，作为一种"柔性"物质的现象，具有较为灵活的控制和多个创作源泉，在此，生命很大程度上其实就是物质转变，同理，物质转变本身也是生命。

在这个星球上，自然土壤是通过一个风化、腐烂和再生的复杂过程自发形成的。它们不仅仅是材料，而是通过矿物、有机物、水、空气和生物制剂的有序组合在空间上发挥作用的有机装置；这是查尔斯·达尔文观察到的一种特性，同时他指出，蚯蚓是将大块石质被运入地表的主要原因（Darwin，2007）。如今，这一行动可以被比作增添和减少的印刷技术。土壤也是一种通信网络，它与菌丝体和树上的根系等其他实体形成联盟，以化学语言的方式进行相互对话（Howard，2011）。然而，它们超越了与其他物质通过谈判建立联系的可能性。土壤是一个整合者，它将耗散结构、元素矩阵和自然计算过程等生物体行为无缝地结合起来，形成一个结构化和具有空间机理的全球系统。尽管它们的组成成分存在许多差异和潜在的不相容性，但它们利用邻近性和各种机遇，融合成为一个多用途生产平台。它们会对那些通过其复杂结构的分子物种的性能产生直接影响，使它们远离平衡状态。值得注意的是，进入土壤系统的物质实际上也成为土壤体的一个组成部分，不仅在结构上，而且在生理的层面上。土壤是具有代谢和结构特性的并行处理器，可以通过丰富的堆肥将已消耗的有机物重新送到回生命的周期循环当中。然后，这些进入土壤的物质会被分解成可消化的颗粒，并通过腐生菌的分解代谢作用进入食物链，比如真菌就是一种可以直接通过腐败物质进食的生物，因此它们现在也被融入新的代谢系统设计当中。在把合成和分解的网络联系起来的同时，它们还可以增加土地的肥沃度。这些高度异质性材料的转化性质可以将贫瘠的环境转化为富饶的环境，使人类的发展成为一个地形生成的过程——而不是和地形生成相对立。泥土有能力跨越许多不同的地形，同时也扩大了地面，因为它将柔软、承载生命的基质——或者说巴别苍穹，注入了其中。

威尼斯人开始编织并培养它们自己的建筑织物，修复和重建他们心爱的城市，就像照料他们的花园一样……在消失社会的零碎残骸中，一种新的世界结构开始成熟（图4.2）。（Holden and Stefanova，2016）

　　传统上，公认的造土方法包括将各种分解的有机质、肥料和矿物颗粒（粗砂/珍珠石）进行相应比例的调配。它们被折叠在一起形成一个水渗透性能良好、营养丰富的混合物。尽管自然主义在激活生态系统方面有着重要的作用，但对自然土壤采用第一原则的观察角度能够为我们当今正在面对的最大的挑战（例如土地的沙漠化或土地质量的破坏）提供一些可用来比拟和借鉴的思路。理论上来说，土壤是完全有可能被设计并被工程塑造从而满足特定的性能需求。这些土壤可以是自然的、人工的或是超级土壤，它们既可以增强环境

图4.2 《丝绸之路》探讨了一种建筑结构，通过加入生与死的网络中，使土地和社会在生态繁荣中得以再生。数字化图像由伊莫金·霍尔登（Imogen Holden）和阿西亚·斯特凡诺娃（Assia Stefanova）在2016年绘制

性能，也可以创造替代性的空间，使新的转换过程和新陈代谢能够在地下发生。例如，可以在沙子中添加吸湿性颗粒（hygroscopic granules）以增加保水性，或者将（设计的和天然的）细胞生物体添加至土壤中，使其能够处理某些类似于塑料这样天然难以被代谢的化合物。通过扩大现有的、用于建造的可用工具和方法的范畴，可能产生与我们的环境更加灵活互动的、截然不同的土壤类型。

半透明凝胶的出现为我们提供了一种比较容易获取的反应介质，我们可以用它来为人工土壤制作原型。这种土壤可以承载不同的过程，比如让我们能够直接看到矿物的自由流动。它们的结构聚合物促进了化学相互作用，同时也可能因化学作用而改变。例如，当海藻酸盐与硫酸铜（Ⅱ）这种可溶的二价盐（soluble divalent salts）进行反应时，会形成颜色鲜艳的复合物（complexes），同时这也会改变凝胶骨架的分子结构。

另一种生成土壤晶格的方法则是使用动态液滴这种自下而上的方式，这种方式与栖息在土壤中的生物有机体（比如虫子和菌丝体）有基本的相似之处。这些自组装的、可移动的、可编程的和反应灵敏的个体是有潜力去修复有毒环境中的土壤的，例如被化学品泄漏后或电子废物污染过后的土地。

4.5　液态土

没有其他的地形和基质能比我们的海洋水体更加有能力去激发复杂的导航技能和能力来应对预期之外的事件和看不见的力量。通过与溶质、粒子和物体纠缠在一起，它们的分子组成是如此丰富和多样化，从某种程度来说，它们可以被认为是一种"液态土"，而这种液态土与它的地面的"同类"一样，不断促进着生命的发展。

这是一个多重性的空间，而其空间性质包含在水的物理性质中：一种不可压缩的流体，它是一种永久运动的流体，因为它的分子可以相对运动，因此可适应容器的形状、可适应地球表面和大气的作用力等。简而言之，海岸线是人类认知的众多空间当中最引人瞩目的一种临界空间（dramatic threshold）：在这个交汇处，空间的一体性和材质特性突然发生剧变，躯体将要面对的是一个流体世界的开端，它的流动、节奏和性质与陆地的都截然不同。海岸线是一个空间折叠的区域，在那里可以看到一个巨大的、行星级别的液态空间的边缘区域。（Gordillo，2014）

　　水是一种通用的溶剂，因此它的特点是它包含的各种物质不是均匀分布的，而是根据当地环境、密度、深度、温度和洋流来进行"配置"的；因此在这些地方，海洋生物建立了相应的地域偏好。

　　绿色藻类渗出黄色的胶状物，并被成群的贝壳类生物作为食物——包括帽贝、贻贝、牡蛎和藤壶——它们被浓郁的充满养分的液体所吸引。微小的海藻则依靠在它们的壳上，从而可以更好地接近光源。一切都显得毛茸茸的。随着外壳伸展并延伸到更深的砖石中时，这些外壳会随着水流张开和变形。成群的小鱼在缝隙间穿行，每当阴影出现变化，它们就会转身，螃蟹则会在植物间来回滑动，等待水流给它们带来海洋腐肉和由分解物组成的美味。一条喇叭鱼用细小的鳍盘旋，然后垂直消失，就像UFO一样。一串长长的红藻成群结队地从建筑群落中翻滚而过，在裂缝和看不见的水流中停顿下来，这些水流对于它们来说具有粉碎性的力量。鱼的鳃被拼接在贝壳上。一切都停顿了，然后分开，并重组成了海洋植物马赛克，并在茎秆和恐怖的爪子上留下了逃亡的目光。海藻尾巴被编成褐色、绿色和红色的织物，而这些织物似乎根本就不属于任何特定的地方。当塑料瓶在海面上慵懒地滑行时，海葵的心愤怒地跳动着。而随着光线被水浪搅扰和扭曲后，一切又如万花筒一般破碎并散去。

4.6　冷冻计算机

　　尽管人们已经认识到水的许多特性，但并不是所有的特性都被充分理解，也不能以充分发挥其潜力的方式加以应用。在固态的状态下，水的（作为冰）体积比液态时相比多了9%，因此它能够浮起来。通过数字化模拟获得的结果是，冰中水分子的空间分布是不均匀的。冰的内部似乎还存在着具有不同特征的水的小口袋，这也解释了为什么冰在固态状态下仍能保持某些液体性质的原因。因此，水的性质不仅是所有分子性质的整合，还是由局部的时空关系进行配置的（De Marzio et al.，2017）。

　　在温暖的日子里，芝加哥沿河岸的井会把河沿岸的摩天大楼的外墙重新映射成烛光一般明亮的"手指"。而在寒冷天，它们又变成了晶体一般的寒冰印记，上面还会有浑浊的螺旋印记。而在最极端的日子里，炽热的白发会从如同打开的手掌一般的井口升腾而出。其尖端不可抑制地卷曲着，即便用最坚硬的梳子，都无法将其梳理平整。

为了探讨"水"在物质状态间转换的能力，"冷冻计算机"的想法被提出并被开发出来，作为一种能够在不同环境条件下测算'水'的不同反应的仪器。这个项目的发起方式应该是皇家建筑协会（RIBA）的北美分部在芝加哥建筑双年展期间筹划的一个名叫液态正在发生（Liquid Happening）的计划，与利拉·路易斯（Lira Luis）（RIBA–USA，2015）作为牵头设计师进行协作，同时也获得了来自RIBA以及"蛙跳项目"的约瑟·博尼拉（Jose Bonilla），威廉·维维安（William Vivians），山姆·纳姆（Sam Nam）和特洛伊·拉森（Troy Larsen）等成员的自愿支持工作。它的目的就是要体现水的超复杂性和可变性。

冷冻计算机采用了一系列不同直径、体积和深度的井的形式，在液态状态下起到了反射池的作用（在那里，镜面反射根据当地的条件，如风速等，对环境的图像进行倒转和变形），并且会将芝加哥冬天的整个冷冻过程进行显示。由于水对复杂环境条件的"分子读数"不同，这些井会在不同时刻凝固。然而，这些计算并不是对已知变量的简单推断，而是邀请特定地点的"完美"事件风暴来生成冰花——由温度梯度、湿度、水杂质和细菌形成的，具有复杂成因的尖状晶体。虽然不能保证这一罕见事件会发生，但这台仪器引发了一场关于环境设计预期与模拟设计决策之间的对话，那就是如何通过建筑实验去引发一些自然事件从而丰富城市的建筑体验。

这项工程正在进行中。利拉·路易斯正在通过整合化学计算机科学来探索这个平台的能力和性能，同时也在开发安装工作性建筑的技术，以在更复杂环境中（如水上设施和悬浮结构）应对"水"边的机遇和风险响应。

4.7 气雾剂（气溶胶）

地球上的空气、水和土壤并不因其物质性而分离，而是通过它们的相对密度来分开的。最重的残留物聚集成泥土汇入大地之中，液体则进入水循环，最轻的上升到大气层中，并携带颗粒从而形成烟雾和雨水的微粒。

白天，空气、水和土壤的分层产生了彩虹、灿烂的日出和让池塘穿上一层充满光点的闪亮外衣。一系列以水体景观为特征的海市蜃楼如一丝丝蠕动着的图像一般，可以在水道中被看见。像烟雾一样，水道改变空间的能力不是由其清晰程度决定的，而是由其浑浊程度所决定的。水中的微粒物质形成了一个微小的屏幕，无数闪烁的平行平面将自身进行展现。浑浊的水会使光子变厚，并将其分层成厚厚的深色镜面褶皱，从而将变形的图像投射到奇怪的表面上，而在其他地方，这些虚拟织物似乎含有大量的物质，像河流的浮渣一样沉入充满泥泞的河床。有时，你甚至会被视觉上的幻觉所欺骗，怀疑自己可以踏上它们闪闪发光的广阔表面从而到达目的地，从而放弃那错综复杂的桥梁系统——那个如城市"肠道"一般——四通八达且到处都是胡同的系统。

拥抱改变

实践和研究的替代性框架，以及适当的评估模式在开发一种模拟平行世界的伦理实践的过程中是必要的。本章将探讨潜在的方法论、实验、设备及它们对柔性活体建筑的影响，这些因素都很可能对时间和空间的编排产生重大影响，包括对建筑师角色的影响。

5.1 编排

从实验建筑的角度来看，生命世界永远不可能是静止的。虽然特定的时刻可能会被定格，以便可以更好地欣赏它们的丰富性，但每一个瞬间都是独一无二的——如赫拉克利特（Heraclitus）的名言所描述的一样——它们永远都不可能一样，而是会随参与的因素、场地以及它们的环境因素的属性而改变。当身体产生运动或由于物质在空间和时间层面产生变化时，都会产生一定的能量的交换，而我们会在实验中采用具有迭代性的实验，用于探索这些交换所带来的伦理价值的编排（choreography of ethical value）。柔性活体建筑的原型到底应该被如何开发，取决于观察者、居民或调查人员的角色以及具体的视角。在这种千变万化的可能性中，先入为主的见解和观点构成了观察事件编排及其后果的方式。事实上，即使是用来观察一个系统的仪器，也可以为我们对事件和由此而产生的对话建立系统性参数，而这些参数则会（重新）反映我们的预期和价值观。然而，不断的变化并不妨碍探索的价值，因为即便在最灵活和复杂的时空的编排当中，它们的规律模式、主题以及不一致性都可以通过大量的重复而被读取出来。有选择性的关注会引导我们的目光，因此我们的预期永远不可能完全一致，我们任何的经历和遭遇，即便再小也能被检测出来。随着新式仪器的发明，我们向内可以观察到更深层的亚原子粒子层面的现象，同时也能向外观察到宇宙星空的组成部分，因此，可以说，我们所面临的挑战，不再是能否观察到变化，而是在哪个节点赋予变化意义。

当然，我们计算的正确性取决于我们的共识。时空间隔其实就是一种处理减法思想的数学表达式。它的数值可以是负数、零或者正数。如果时空间隔为正，那么观察者则不可能就事件的秩序达成一致。但是，当它的值为零或负数时，每个人都会同意这个顺序。因此，这种间隔可以告诉我们，一个事件是否会影响其他事件。尽管观察者不能在过去、现在、未来、时间或者距离上达成共识——但他们可以对因果关系达成一致。虽然这似乎违反直觉，但因果关系最终是真实的。（Armstrong，2018，p. 37）

一些被实验性建筑——尤其是柔性活体建筑——所广泛采用的扩展方式的价值，还有这个价值是如何在实验系统中被获取和观察的，甚至包括那些无法通过经验主义工具充分认识到的事物都会在这个章节进行赘述，而不是把它们当作某种事后的细想总结来评论。共享价值体系和感知影响的重要性都会被强调出来，以便读者可以意识到经典实验和平行实验（parallel experiments）之间的差别。事实上，实验性建筑的调研是从构建必要的工具和方法开始的，从而帮助我们理解柔性活体建筑的局限性，以及这些仪器如何能够影响空间、事件以及居住模式的评估方式。

5.2　评估

科学是由事实建立的，就如同房子是由石头搭建起来的一样；但无规则地去堆积大量的"事实"并不是科学，就像一大堆散落的石头并不是房子。（Poincare，1952，p. 141）

启蒙运动的习俗（传统）（Enlightenment conventions）在追求研究议程时强调客观性和公正性，这将我们从创造上的困扰中解脱出来。然而，随着高等教育中心的逐步"科学化"，艺术研究的危机也随之产生。这在一定程度上归因于科学技术在我们生活中发挥着越来越重要的作用，另一方面是由于大学学术圈评估标准与经费挂钩。科学的评估模式并不包含主观性，而是在实验设计过程中积极排除主观性，通过"对照"的概念和经验工具，将观察结果简化，并将它们缩减成可测量的数据。然而，具有创造性的学科，不仅需要主观性作为其方法的一部分，还不可避免地需要去经历由作品所引发的各种际遇。比如，伊塔洛·卡尔维诺（Italo Calvino）坦言，在开发一种用塔罗牌制作"命运交错城堡"的故事讲述装置时，他被内心的狂躁所占据，这种狂热在创作过程中一直萦绕在他心头（Calvino，1973）。

我被困在这股流沙之中，被这种狂躁的痴迷所困……直到现在，这本书依然在工作台上，我还在继续对其进行研究、拆开、重写。（Calvino，1973，pp. 123-9）

马塞尔·杜尚（Marcel Duchamp）意识到科学比艺术更受重视，于是试图发明一种非理性的几何形式（Rose，2014）。他的"三个标准的停顿"（3 Standard Stoppages）是模仿科学精确性的独特工具，但它们不是通过普遍的、基于经验的逻辑来操作的，而是利用了概率论的原理，使他能够构建和评估他的思维实验。"三个标准的停顿"是一个刻意而为的作品，它由三根一米长的白色线水平放置在三条狭窄的黑色画布上特制而成，再用清漆将它们固定在适当的位置，然后在杜尚1914年绘制图解画《停顿的网络》期间，每一根都分别使用了三次。而反过来，这张图解画则用来在他1915年至1923年的大师作品——《新娘被光棍们剥光了衣服》（《大玻璃杯》）[The Bride Stripped Bare by Her Bachelors，Even（The Large Glass）] 中，定位《九个苹果模具》（9 Malic Moulds）或《单身汉》（Bachelors）的定位工具。

杜尚滑稽地模仿（parodied）了科学方法，并将其作为无可置疑的普遍真理的对立面（Ades et al.，1999，pp. 78–9；Howarth，2000），而艾伦·图灵（Alan Turing）通过将主观性纳入评估方法，以绝对经验主义作为评估方法中做出了重要的突破。常规系统的核心定义都是基于数值，而图灵为这个"系统"设立了一套"模仿游戏"，其定义是基于价值观——比如生命、意识和柔性活体建筑（详见序和第4.2.4.1章），——观察者自身的体验会被放置在评价系统的中心，过往的经历会形成一套比较性的系统，观察者可以根据这个系统识别出共同的模式，并以此来评估这些遭遇是否足够相似，并使观察到的系统通过测试。这套模仿游戏到今天更普遍地称为图灵测试，它提供了一种方法，在广泛的具有挑战性但又熟悉的环境中重视主观体验，包括生命化学（Cronin et al.，2006；Armstrong，2015，p. 29）。

即使是图灵测试并不能全面地对自然、星空、天气和生命这样的超复杂现象进行评估，因为我们只接触并体验到它们的一部分，因此需要一种全新的方法，一种有读取系统性能的多重并行方法。在这些领域中，感官必须（重新）参与到对人类以及环境议题有意义的价值中来。这些可能包括直接体验、文化熏陶、偏见、美学倾向和社会或环境背景。如果价值体系不被拆解为效用和商业的概念，那么替代性的评估工具和方法则变得非常重要，而这些替代性的工具和方法的基础则是建立在可信任的社群所认同的共同价值之上的。替代性评估方案是在其伦理背景下制定的，其中考虑了设计决策的含义，并考虑了并行的方法，而这些方法通过积极的实验进行了连贯和迭代地更新（Hughes，2009a）。

如果不为建筑教育腾出一块空间来探索纯职业与纯概念性思维之间的过渡，那么（这个）专业和学科就会枯萎。如果一切都仅仅考虑建筑市场的观念而不去对建筑概念本身的价值进行回馈，那么设立建筑学院的目的和需求，就成为一个值得商榷的话题了。
（Zellner，2016）

5.3 替代性影响

提供一系列有关柔性活体建筑影响的数据，要比建立一个全球可信任的、大家都认可的恰当证据制度要更加容易。信任而非证据，决定了我们如何作出决定，以及我们对待彼此方式的基本条件，而不是在最开始就划清界限。信任是在共同生活和工作过程中建立起来的，并且可以通过讲故事来进一步巩固。虽然经验证据作为一种特殊的叙事方式需要得到尊重，但它并不是一成不变的——尤其是当环境在变化的时候。由真理作为证据的价值会根据既定协议的发展，并通过求证和辩证系统进一步完善。

古往今来使用的各种形式的货币都起到指示器的作用，表明在文化和技术背景下，信任是如何支撑起价值的。盐、贝壳、铝（丰富但难以提取）以及金子（稀有）之间的交换表明了特定材料的价值。而纸质的书面承诺也形成了一种具有媒介性质的表现形式，用来表现物质形式和符号形式之间的共识。而今天，我们使用数字货币，这样数字本身就承载了价值，而数据本身就是"新的石油"。即便如此，所有这些变量，都只有在某种情境下和基于"某物"的情况下，才可能被接受。而那个"某物"——在一个国家甚至全球范围内，正是目前在争夺的东西。我们需要进行互惠互利的交流，以便（重新）建立共同价值以及合同的参照点，而这些参照点则需要通过积极的辩论和（重新）谈判来确定。正如目前支持英国脱欧的进程所表明的那样，这既不简单也不直白，而是需要大量的、多种类的以及持续的投资形式。

柔性活体建筑旨在加强不同社群之间的关系，并通过生态思维重新振兴空间。古典建筑的评估依据的是它如何针对任务书的特定需求从而提出一套正式的、与特定场地的特定需求相对应的"解决方案"，而柔性活体建筑旨在通过它所引发的居住模式，对一个地方提出更好及持续的问题。这些空间的潜在占有方式，可能会通过对极端个体的评估进行考察（详见第9.3章）。

建筑最大的问题就是它们看上去非常静态。似乎完全不可能把它们与任何运动、腾飞，或者一系列演变联系起来。当然，每个人都知道——尤其是建筑师——一个建筑事实上并不是一个静态物件而是一个移动中的物件，甚至一旦它被建成，它就会开始衰老，并会因它的使用者的行为而逐渐转变，被发生在其内部和外部的各种事情而改变，以及它们有可能会被拆除、翻新、加件或者改造以至于变得面目全非。我们都知道这些，但……每当我们去想象一个建筑的时候，它总是一个固定的、迟钝的结构，被四色印刷在光鲜亮丽的建筑杂志当中，放在建筑师的等候厅中供客户翻阅。(Latour and Yaneva, 2008)

柔性活体建筑的原型并不是一个过程的终点，而是将要发生的许多变化或者修复性事件等众多可能性事件的物质表现。评估系统也因此具有迭代性，并可以随着项目的进程而随之进化。尽管这些原型可能会通过知识产权、专利和产品吸引商业利益，但这些都只是实验过程中的副作用，而不是它们的主要动机。通过对平行世界进行原型打造，柔性活体建筑有潜力建立可被信任的条件，这可能在某种程度上扭转一些当今盛传的灾难性故事，并让人联想到一个更加适宜居住的现实世界，一个能够支持我们共同繁荣兴盛的现实世界。

5.4 替代性方法论

现在，我手上掌握着大量的关于一个未知星球完整历史的方法论碎片，包括其建筑和纸牌、对其神话的恐惧和对语言的杂音、其历代统治者及其海域、矿产和鸟类及鱼类、数学和火焰、也包括神学和形而上学方面的争议。所有这些都是清晰的、连贯的，不带有明显的教条意图或模仿的语气。(Borges, 2000, p. 31)

实验性建筑的操作需要跨越一系列不同领域的学科——从生命科学到应用科学以及哲学思辨——因此没有任何一种固有的方式或者技巧是最好的。它的方法是多变、多元、集成并且可以被定制化的，如"应用程序"一样。不同的社群在一些特定的问题上需要相互投资，例如对可持续发展的原则或建立的建筑协议提出质疑，比如如何能够做到促进建筑物内细胞有机体的生长却又不损害其结构完整性。从一开始每个参与者就确立了他们的角色和职责，他们每个人都应该了解其贡献的价值，并探索将为其业务带来什么样的特殊好处，对职业发展、研究课题、伦理准则带来什么样的贡献，以及项目所存在的风险要如何在合作者之间分担。

实验性建筑方法论中基本多能性（pluripotency）以及"不完整性"意味着其产出不可能符合传统商业模式或建筑施工类型。因此，这就引发了许多问题，即它是否适用于主流的现代（工业）建筑界；因此——由于建造环境实践的特定尺度以及项目建造时长——采用这种方法通常会比其他设计实践在应对改变方面要更慢。

我们成长的过程中被灌输的理念就是最好的建筑一定是永恒的。它应该从当今变化多端的流行风格中超脱出来。它应该体现那些亘古不变的价值。它应该能够接纳我们的日常生活节奏，但同时却不应当被其所定义。它应该尽可能持续长久，然后在其生命周期完结后成为一座遗迹。换句话说，建筑应该是不朽的、抽象的，并且建造起来既困难又昂贵。（Betsky，2016）

实验建筑学发展了一套与一种职业相关的多样化的工作原则，而该职业正面临挑战。它逐渐被视为建筑行业的一种技术服务，而设计的角色在决策中的地位也逐步下滑，沦为整个行业决策过程的底层，这削弱了建筑师的战略咨询作用（Robson，2003）。因此，更广泛的建筑界正在积极考虑其未来，是否能够超越当前具有主导性的经济系统，并接受学术领域之外的研究实践。

因此，现在一些专业工作室正在积极采取研究和发展并存的战略，以同时支持职业和商业层面的发展（Flynn et al.，2016）。在充满变化和不确定的时代，通过实验方法共同承担风险尤其有益，同时还可能向投资于创新方法的利益相关者揭示新的见解。这对新一代年轻建筑师来说是很有鼓舞性的，他们可以在积极研究的教育制度中获益，并因此改变建筑教育的重点，从以服务为中心的商业模式转向开创新的工作模式。在柔性活体建筑这个具体案例中，灵活组合的生物策略以及通过重播生命的录像带所带来的充满挑战的限制条件则变成了一种建筑设计的平行方法。它们囊括了自然界的潜力和奇特性，同时也包含建筑设计的创意性和远见思维。在正式的方式不能完全解决诸如生物多样性丧失和世界更加潮湿等重大挑战时，这种视角的转变是必不可少的。

"实验性"建筑师不是其他学科所涌现的新兴科技的实施者和早期采集者，而是作为有远见的思想家和变革的促进者，他们可以将自己的创造力用于解决我们这个时代最具挑战性的社会和全球问题。

5.5 替代性实验

经典的实验概念建立在获取知识的科学方法之上。其倡导对一个系统进行严谨的研究，而这个系统又必须以客观的并具有经验积累的原则为基础，而这些"原则"则是弗朗西斯·培根（Francis Bacon）在《新奥格纳姆》（Novum Organum，1620）中确立的，它们的目的是要取代亚里士多德（Aristotle）的推论法（Organon）——一套基于逻辑而建设的方法论。实验结果经过测试和评估，以证实或反驳一个特定的假说。

我们也有一些房子能够对我们的感官进行欺骗；在其中，我们将表演各种杂耍技艺、虚假的幻影、欺骗性行为以及幻象；还有它们所产生的谬误。因此，你也肯定会轻易相信我们拥有那么多真实的自然的事物，它们可以被赞赏，如果我们可以将这些事物伪装起来并努力使它们看起来更神奇，那么我们就会在一个复杂的世界里欺骗我们的感官。（Bacon，2009，p. 52）

柔性活体建筑将通过采用并推进一系列能够接触平行世界的措施，这些平行世界所在的领域超越了科学和科技的范畴，因此开拓了新的生命规则。这样的探索，对于幸福生活、公平、交际、信任和尊重自然等共同价值观的原则的拓展是至关重要的。

而事实是，大部分的实验都没有带来任何结果，而从一个严格的投入产出比的角度来看，它们都是在浪费资源。然而，学习和发明是出了名的低效行为，需要许多失败的尝试和无止境的探索，才能找到一条足够肥沃的道路，从而打开通往充满可能性的全新领域。但如果一个社会不愿意容忍这种行为所带来的浪费，它就会停滞不前。当今世界面临着巨大的变革压力，而一个充满活力和不断发展的社会不仅能够容忍而且还会积极支持这样的实验，因为这是创造机遇的方式，将一切由于变革所带来的困难转化为创造机会，并成为增进和深化人类经验积累的唯一途径。而在建筑领域更是如此，在这场斗争的最前线，开拓者们肩负着不断改造世界的重任。（Woods，2010c）

当今，我们的全球社会、政治和经济结构都在被所谓的新自由主义逐步束缚，而平行的秩序形式正在涌现，并有可能形成新的实践方向。而在建立正式的理论和实践方法方面，还需要进一步的探索。因此，为了建立研究平台和更为迅捷的时间空间规则，大量的

（实验性）迭代和原型需要在不同的媒介上进行搭建，而这些平台和规则必须与相关的评估标准和评估方法进行同步发展。

当一个梦想家能够通过他照顾一个物体来神奇地改变和重建这个世界时，我们就会变得更加有信念，相信一个诗意的新生命正在萌生。（Bachelard，1994，p. 70）

5.6 生产力作为一种价值

在世界持续的活跃性与提供给结构组织和资源流动中，有机体的机遇深度交织在一起，从而决定了一个场地的富饶程度。而这就是柔性活体的核心价值，它表明了生命事件发生的可能性（Armstrong，2015，p. 140），这种可能性可以通过在某个场所发生，能够对连接生死循环的材质转换的数量进行评估。策略包括新陈代谢、超复杂性、量子现象、极度的"开放性"（连接度、半渗透性、可变性）以及非线性。这些无价的物质富集过程包含了堆肥这种唯一能够活跃物质的过程并且就像生命的合成一样永远不可能在实验室中完成。

泥土是地球上真正属于我们的部分。季节的冷暖变化造就了泥土。风暴可以制造了土壤，和水一起成为地球上最强大的物质。而风也制造了土壤，将其粉尘传播到千万里之外。潮汐也制造了土壤，搅动着河流三角洲及其肥沃的淤泥。最重要的是，树木和植物，那些死去和被消化掉的，那些捕食者和被捕食的，都在制造土壤。（Logan，2007，p. 98）

5.7 替代性的建筑

建筑物虽然是没有生命的，但通常又被认为是有"生命"的。而正是建筑师通过设计的艺术成为那个生命的权威构想者和创造者。（Cairns and Jacobs，2014，p. 1）

柔性活体建筑是一个实验性的、不完美的、具有概率性并高度情境化的实践，它是由居住者和场地施加的机会和限制所塑造的，它是一个内部和外部都被赋予了生理和生命周期的挤压体。管理其扩展空间的生产背后的组织系统并不局限于生物框架。同时在建立生命与建构环境之间的融合方面，它们也超出了"预测"或者"代表"的方法。柔性活体建筑拥有超越机器机械秩序的潜力，并包含生命系统所具有的变革性和特殊品质，比如生长、自我修复、运动和演变。

将合成生成生物学原理融入建筑设计和制作的过程中，进一步延展了其类生命的特质。对金属、合金、陶瓷和混凝土加上原型细胞和生物系统的合成再生的科学洞察，为建筑设计和建筑工程提供了全新的路径……在此之前，建筑都只是在比喻的层面被称为有生命的，而这些新的感知、智能和自动生成的机器人建筑似乎是真的具有人工生命的"脉搏"。(Cairns and Jacobs, 2014, p. 12)

用于生产单个柔性活体建筑的具体概念和实践框架目前还是未知之数。而原型打造方法则是被用来观察它们是如何被并置以及居住模式所特定塑造的。尽管在柔性活体建筑中还有大量的变量，但它们却共享一致的原则，比如持久性、适应性、（重新）合成与再生性，这些性质都可以积极地去应对不确定性、不稳定性、事故、隐形织物、衰退、变异和适应，并投入构成其生态系统的各种关系中。

在一个俯瞰整个海域的海角上，有一间破旧的棚屋，上面挂着一个褪色得难以辨认的招牌。如果你有勇气爬上小屋，并推开房门，那么你的眼睛则需要时间去适应里面的黑暗。首先映入你眼帘的是肮脏的恶臭。然后就是一个腐败的喷泉——一种由四百多种甜得令人作呕的挥发性有机化合物组成的化合物——尸体碱、腐胺、赖氨酸、蛋氨酸、甲烷、羧酸、芳香族、硫化物、醇类、硝酸盐、醛类、酮类——微生物正在将腐烂的肉撕开。地板上散落着成堆的破布，这是奇怪的生物膜的家园——活动的微生物和它们的光合作用伙伴之间繁荣地联系在弹性聚合物网中，这些聚合物网所具备的不确定属性正在从贫瘠的环境中贪婪地吸取着一切所能获得的食物——暗淡的灯光、稀有硫化物、稀薄的氧气。微生物一口将其吞没，不是像培养皿或肉汤培养基上的单一菌落，而是在生物结合和无法定义的生物量的团簇中，它们像秃鹫一样悬挂在排泄物、黏性表面和空气中。一些破布中似乎居住着一个更大的形体，因而在缓慢地蠕动。当你的眼睛逐渐能够在黑暗中分辨出各种形状时，你就会发现一个从前走钢丝且毫无生机的人的躯体轮廓，他回到这里仿佛是出于本能，每一次回归都更显衰老。他既不说话，也没有肢体语言——他空洞的眼睛中可能看到也或许看不到——他的落寞几乎到了极点。然而，一丝残存的优雅光环却还像影子一样依附在他凹陷的身躯上。我承认，把他变成一个"奇观"是可耻的。但我觉得同样可耻的是，忽视对这个堕落灵魂的仪式上的拜访，尽管他小屋里散发的恶臭和虫子死亡的声音让我感到极其恶心。我作为一个向身体健康的人宣传"激进的爱"的人，从来没有提供过任何形式的帮助或支持来减轻他的痛苦，即便只是暂时的。据说，他是带着一个大家庭一起登上了这艘船，并被誉为他那一代中最大胆的绳索（走钢丝）艺术家。但他却由于不善于适应而逐渐衰落并淡出历史。（Armstrong and Hughes，2016b，p. 186）

柔性活体建筑所特有的物质交换并不是对自然的模仿，而是一个为居住所设立的平行空间，这个空间会产生真实的效果，比如通过微生物燃料电池来发电、散发气味或辐射热量。由于它们的动态敏感性，它们甚至可能拥有独特的情感——在某种程度上也可以被认为是有着不同行为的、不同种类的个体之间的伙伴关系。这样的可能性，要求我们用另一种方式来思考建筑的生产条件。其中包括它所服务的社群、它所支撑的生态系统以及这种空间在社区中占据的政治地位，而在这些空间中——不稳定的实体和居住装填应对着一个不断变化的世界所带来的挑战。

5.8　平行仪器

耶和华（Lord）安排一条大鱼吞了约拿（Jonah），他在鱼腹中待了三日三夜。（Jonah 1：17，New International Version）

"建筑内脏"是巴别苍穹的一种表达形式。它是一个集成的平台，以及一个为多样性的新陈代谢机制和顽固物质网络所设的物质转换的场地。在一个平行世界中，柔性活体建筑采用了一个复杂的器官形式，从而可以做到在一个封闭但具有泄露性的空间中进行连续性的有机物处理工作，在此它将保留不同程度的不确定性、不可见性、处理能力和环境变化。有了光纤成像和对微生物领域的鉴赏，这个内脏不再是一个自然的器官系统，而成为一个供建筑（重新）设计并居住的平行场地。

自科学启蒙运动以来，这些神秘的器官已经被平凡化，现在被认为是只起一种辅助性作用，即只是对创造性身体的创造性外表进行支撑而已。因为缺乏详细的分析以及艺术化的评估，我们的内部解剖结构没有被赋予内在价值和审美情趣；它被严重地抹黑、缺乏记录并被深深地误解。（Armstrong，1996）

内脏是一个矛盾的内循环空间。它与外部环境是连续的，但同时也占据一个内部空间，从嘴一直延伸到肛门——这是一个为生与死的联系而建立的系统，并且特别擅长堆肥的形成过程（Armstrong，1996）。

在胚胎中，肠道从原始组织中以管状内陷的形式展开，并迅速滚动、卷曲并增殖成一系列器官和细小的手指状绒毛。从一开始，这种波动的多种形式就连接着独特但又相互依赖的新陈代谢过程，而新陈代谢则是由精妙的荷尔蒙、分泌腺、免疫和神经化学功能混合而产生的，但这些过程都是由各种偶然事件以及时间和空间的扭转相互协调形成的。虽然它是一个充满变革和广阔的空间，它却并不一定是"无害"或"和谐"的。它的环境是化学成型的外科手术工具，就是被设计用来解剖、煮沸、肢解和吸干其内容物的活力。而建筑"内脏"则是让人食欲消散的场所，它同样可以参与到爱的仁慈行为中，或者进行强迫性质的寄生行为来喂养自身。

这种……禁忌在彼得·格林纳威（Peter Greenaway）导演的电影《厨师、大盗、他的太太和她的情人》（*The Cook, the Thief, His Wife and Her Lover*）中被揭示，电影讲述了一个餐厅中的惨案。这个装饰华丽的进食空间的室内装潢……模仿了人类的肠道的内部结构：红色代表了餐厅/胃；绿色代表了厨房/小肠，还有深褐色代表了垃圾场/肛门。在这些设定当中，他尝试探索了人的基本驱动力和需求：吃、喝、排便、交配、打嗝、呕吐……以及血……

理查德：……它比吃更能说明死亡，比烹饪更能说明生活。

乔治娜：有没有提到嗜食同类？

理查德：（阴笑着说）我觉得有。（Armstrong，1996，p. 89）

斯特拉克（Stelarc）在1993年澳大利亚墨尔本举行的第五届澳大利亚雕塑三年展上创作了"胃部雕塑"表演，当时艺术家吞下不易消化的微型装置。在这场表演中，胃变成了微型机器人表演的场地，而这些机器人可以通过光纤技术观察到。而在后续表演中，三年展所采用的方案被要求重复演出，但对原来的方案做了一些改动，以便除去胃分泌物，更好地可视化微型机器人甚至更复杂的性能（Stelarc，2006）。

在1995年，斯特拉克在伦敦重复了这场表演，这一次使用了一定剂量的镇静剂和阿托品使他内部的体液变干。艺术品将作为三个单独的胶囊置入，并在进入他的体内后进行重组［在肚子中］，而当它们组装后……将通过一个［稀］土磁铁的驱动，产生光、声音和振动的交响乐。整个过程是在一家诊所用胶片拍下来的，但由于法律层面的一些难度，它被放弃了。若非如此，这项技术上的壮举将会是第一次由自我组装而成的雕塑所进行的独立表演，而且还是一个在艺术家肚子这个独特的展馆里创造的雕塑。（Armstrong，1996，p. 90）

而肠道更是天然地就被其自身携带的作用因子所占据——微生物菌群（microbiome）。它们并不是机器而是大规模的微细胞社群，数量是我们自身细胞数量的9倍。通过使用基因修饰技术，部分这些微细胞生物可以在种群的层面上被重新编程，以运作不同类型的转变，从而塑造代谢网络。这些微生物可以做很多事情，比如提取特定的物质或者制造不同类型的产品。活性建筑项目（详见第8.1章）探索的就是将消化系统作为研习对象，通过对机械肠道空间或生物反应器内的自然和合成生物群落进行互动，从而将整个系统变成一个建筑场地。这个机器人操作系统可以被看作是某种类似于家庭或办公室的操作系统一般——就像一个机器人操作的牛胃一样——将有机废物转化为一系列有用的物质，比如电或下一代可生物降解的肥皂（Newcastle University，2016）。

"代谢应用程序"正在通过将生物膜耦合在一起来的方式进行开发，同时产生自己的代谢地形和结构框架。其目的是形成一个自主运作的消化系统"建筑"，可以去处理内部和外部环境，从而扩展我们对肠道空间编排的理解。这表明，我们的家庭和工作场所可能成为柔性活体建筑的场地，而这些建筑实际上是可以吞噬自己的废物，形成能够自我维持的半自然（半设计）生态系统。代谢的应用程序可以促使这样彻底的材质转换——比如消化在浮油上发现的长链碳氢化合物、甲壳素（昆虫的外壳）或者头发的分解——创造一种远远超越常规消化系统，能够与肠道系统并行工作的方式，就像污水处理厂一样，但更加叹为观止（具有合成性）的生态系统和建筑。

这些平行空间使得一种非常独特的世界类型成为可能，这种世界由代谢、动态空间关系、各种参与要素的不规则组成以及自然计算机系统所塑造。它们引发了空间互动，从而缔造了合成的生态系统。

57种不同类型的毛熊蛾毛虫是毛囊移植区中最贪婪的掠食者，它们只吃角蛋白（keratin）。虽然其他昆虫，比如银鱼、蟋蟀和蟑螂则会把这些蛋白质咀嚼成黏稠的浆液，从而破坏这些蛋白质，但是只有地毯甲虫和衣蛾的幼虫才可以处理这种具有毛发的独特食物。然而，在这些多毛的土地上，真正的顶端掠食者是57种圆腹转基因山羊（round-bellied transgenic goats）。要想培育出一种生态动物，让它们不破坏植物的根部进行进食，而是像剃须刀一样修剪植物，这需要一年的集约化饲养。把重新生长的毛囊留在地上，转基因山羊在野兽出没的边界搜寻毛发、甲虫、熊和所有的东西。它们没有牙齿，但灵巧的上唇会不停地拔取植物，用它们侧摆的、锋利的底部牙齿和舌头劈开它，然后把它卷成一个豆子大小的小球。然后就一口吞下去，进入食道。而毛类植物会被分解成57种不同的种类，包括氨基酸、白蛋白、球蛋白、醇溶蛋白、纤维蛋白、激素、生长因子、DNA结合蛋白、免疫系统蛋白质、伴侣蛋白、酶、人工合成蛋白、糖蛋白、脂蛋白和具有多种成分的复合物，如核小体。而这些发生在具有四个腔室的胃中——瘤胃、网胃、重瓣胃和真胃——一个杂耍般的肠道，在拥有难以想象的广阔生态系统的内脏歧管的复杂地形当中编排了代谢过程、侵染、物质以及各种机遇……转基因瘤胃也会滋生多细胞的生命体，这些生命体在嘴唇与剃须刀般的牙齿的摩擦中幸存下来。成百上千只微型乌贼群，大约一厘米长，与幸存的毛熊虫、甲虫和蛾子一起游动——它们都想吃毛发。

5.9　建筑师的替代性角色

　　柔性活体建筑产生于一个充满偶然的、物质动态事件的组合和平台，这些动态事件包括活跃的能源景观、生动的界面、无形的力量和物质流动。它们的交汇处都是充满争议却繁荣的场地，这些地方都如生命的本质一样丰富、多样和强健（Armstrong，2016b，p. 27）。尽管柔性活体建筑散发着显著的智能性，但并不意味着它们背后没有建筑师去进行组织和编排。只是它们挑战了传统的设计观念，比如传统的（只属于极少数个体创作者的）著作权，因为它们是由众多不同参与的集体（人类与非人类）的努力汇聚而成。

　　尽管这种任性的建筑似乎在寻求与人类撇清关系的意图，但柔性活体建筑与其所在的生态系统其实和人类社区存在深度共生的关系，并且扰乱了许多现代生活所特有的固定的、有明显边界的和线性的框架。他们的原型使建筑师能够开发敏捷的原则从而生产超复杂的矛盾结构。这些建筑可以在多个维度上增强材料的性能，并为人类和非人类产生不同性质的结果。在这些领域中，建筑师其实是行为体（actants）生态中的共同设计者，这些行为体基于相互的参与、互联、信任和共享价值观，精心设计了柔性控制系统。它们为人们、人类的栖息地以及更广阔的世界之间创造了居住、活力、生育、奇迹和魅力的条件（Armstrong，2015，p. 127）。

这座岛屿稳步地向上爬升，与形成陆地的过程相同。然而，当许多建筑物被向上建造时，另一些则会深入到地下岩石中。尽管它是地下的自然景观，但这座异乎寻常的城市却有着美丽的灯光，交错的光线通过千层镜以及其他反光的表面而形成，它被塑造成倒锥体，创造出无限空间的幻觉。到了晚上，一道光环照耀着升起的岩石。一部分是地质，一部分是自然，而且大多是未被发现的，这个地下城成为比创始时的100名难民更多的人的家园，并同时展现了居住、人民和土地之间的新关系。暂住者很快就成为居民，他们建立了一个由岩石编织而成的和谐的社会，在这里，许多人的心灵和思想开始融合在一起。

在这些动荡的时期，柔性活体建筑师的职责很简单——启动世界的（再）文明化进程，改变我们共同的思维方式、工作方式和生活方式。柔性活体建筑创造世界的壮志是一项重大的政治性任务但却有可能充满误解，它提出的建议不亚于巴别苍穹的建造。在20世纪末的进程中，建筑师们越来越认为他们的实践与政治无关（Poole and Shvartzberg，2015）或者只是批判层面的关系（Betsky，2015）。只要没有激进的指导思想，建筑可以很容易地融入全球工业机器和西部开发的政治、社会和经济体系当中。而在实践中，我们却不可能将这些场所与实际的建筑过程分开，因为政治层面的冷漠只意味着从业者缺乏"了解世界上［他们］自己的政治机构的手段"（Self，2015），也意识不到他们群体的政治机构。建筑师通过在城市中发挥重大的政治影响，通过在住宅、社区和城市中部署建筑材料、科技以及自然资源的选择来发挥他们的影响力，这样一来就能形成合力，形成一股能够开山裂地（geoengineering-scale）的影响力。

柔性活体建筑师是合作者、跨学科的实践者和多元任务者——同时具备导航、通信、实验、变戏法或发明新的仪器和技术的能力。他们是高度艺术化的专业人士，但同时也是业余爱好者，他们不会被自己的技艺所奴役。作为世界进程的远见卓识者和冒险者，他们对未知并不恐惧。他们通过一个扩展的设计组合来编排他们的实践，这个组合涉及新的知识实践、技能集、想象空间和领域，而这些组合所涉及的因素都能够通过特定的可视化或表现模式从而避免约束。建筑界的"世界创造者"拥有多种多样的、概率性的和超复杂的存在方式，包括诸如幻影、建筑内胆、破译装置和奇异材料（如模糊的表面、模糊的视野、脆弱的细节、量子逻辑、柔性的脚手架以及各种致畸物）等挑衅性的装置，这些装置可以渗透到工业建筑的矿化骨骼的主体（spandrels）当中。然而，到目前为止，这些新生的地形、隐匿的领域和复杂而富饶的底物还不能为这个时代层出不穷的挑战提供真正的技术修补或全面的解决方案。相反，它们依然默默无闻地为所有生机勃勃的生物创造变化的条件，这些生物共同促进了地球基本的生育力。因此，它们与更广泛的生命共同体共享一个共同的项目—— 由人类的共同伦理塑造——提高了我们相互、持续生存的可能性，让我们进入一个能够持续延展的、充满惊喜的毗连现实世界（adjacent reality）（Armstrong，2016b，p. 27）。我们都是"世界创造者"（worlders）；因为我们别无选择。

6

实验与聚合

本章将通过各种实验方法，扩大了柔性活体建筑的定义和探索场地的范围，这些场所与威尼斯城市有着千丝万缕的纠葛。它开辟了这个城市的平行世界以及另类的视角，并且揭示了物质秩序、行为以及"生态"建造方法的代替形式。

6.1 巴别鱼

超复杂性激发我们去创造新的且能够超越现有工业时代预期的语言，并参与到更具体验性的平行世界话题的当中。

蒂齐亚诺·斯卡尔帕（Tiziano Scarpa）将威尼斯比喻为鱼（Scarpa，2009），这也让我想起道格拉斯·亚当斯（Douglas Adams）所创造的可以瞬间翻译的角色——巴别鱼。"它很小，是黄色的，像水蛭一样，同时它也可能是宇宙中最古老的东西"（Adams，1995，p. 52），如果你将它放入你的耳中，你就可以理解任何语言。

威尼斯是一个能够将语言进行转化，并将其延伸到空间规则当中的地方。邮政服务设施被称为"七姐妹"［圣马可（San Marco）、卡纳雷吉奥（Cannaregio）、圣克罗齐（Santa Croce）、卡斯特罗（Castello）、圣波罗（San Polo）和多索多罗（Dorsoduro）］，并且房屋编号是根据区域而不是街道。如此具有创意性的部分来源于威尼斯与水之间的长久共存关系，这也更加凸显了土地对威尼斯的重要性。最初，运输和航行的主要形式是被称为rio和riello（riello更小）的自然和人工水道，通过这些水道可以进入在围屋（insulae）上房子的入口，以及楼与楼之间进行支撑建筑的基座。虽然这个城市的名声是建立在其运河系统之上的，但这类公共水道只有不到十几条，包括大运河（Grand Canal）、卡纳雷吉奥运河（Cannaregio）和朱德卡运河（Giudecca Canal）——其他所有的入水口其实都是天然渠道。

桥墩的导航系统横跨了群岛的各种过渡空间。这一次，威尼斯终于同意用与意大利其他地方相同的术语"bridge"这个单词来描述桥梁了，威尼斯的桥真的太多了，总共有超过340座不同大小的桥梁，并且不像一般其他城市在河岸边修建宽广的人行道和公路那样，更传统的地标如各种小巷（calli），小广场（campi）和小庭院（campielli）（根据尺度进行分级）穿插分布在城市中。这就解释了为什么一些威尼斯街道会容易引发幽闭恐惧症，比如Ramo Varisco，这条街道完全就是一条建筑之间的夹缝，在胸前高度街道宽度只有53厘米。在威尼斯，就连人们踏足的街道都会被不断地修补，像一艘帖撒船（Thesian ship）一样，在这里的 "Fondamenta"（一个建筑施工时的基底）和 "piscine" 不一样，"piscine" 指的是通过填土所形成的道路。事实上，整个城市中承重的所有建筑构件都在不断地被替换和（重新）理解，（重新）同化和重新利用从而增加陆地空间，而不是用完就被丢弃掉。这些不断进行物质改造的做法延伸到了城市脉络中，比如在贫民区中，犹太教堂内部的华丽装饰其实是从已有建筑物顶层的城镇住宅内部雕刻出来的。其他地方也随着政治和文化的转变，在体量和形式上发生了重大变化。比如Ca'de Mosto这栋建筑的结构之中就有很多后期加建的楼层，而隐藏在总督宫殿内的，充满权力和恐怖的迷宫，其实就是一个由密室和走廊组成的网络（Foscari，2015）。而这些方案的局限性不仅限于城市的建筑，还纳入了各种类型的材质，比如文物，无价之宝甚至是地表本身。当然，直到拿破仑时代，人的躯体一直都会被回收利用到城市的地基巩固用料当中，比如在Poveglia岛上——位于威尼斯和Lido之间的威尼斯潟湖区域中的一座小岛——传说这里一般的土地都是由死人灰所形成的。当时，骨灰和其他废料一样被用来支撑城市的地基，而新的岛屿，则会用废弃的砖头、垃圾、石头和灰浆建造。尽管有许多制约因素和不断变化的环境，但威尼斯还远远算不上是一个正在衰落的城市，威尼斯是一个强有力的巴别苍穹，它正在经历持续的转变，并且为正在涌现的平行空间开放出新的语言，从而使得这个城市可以持续存在。

6.2　充满柔性的威尼斯城

　　威尼斯人的道德品质……被视为这个地方变化无常的一部分，因为由于地球的剧变，空气和水的涨落而形成的潮起潮落，以及由不安分的石块组成的地面都在不断地挑衅他们。（Ballantyne，2015，p. 164）

　　威尼斯是一个有生命的实验室，它会去研习处于水域环境附近的传统建筑材料的转变。水的流动不会因为沿岸区域的石头砌墙更高了就停下，而是通过砖石上升，有点类似于树木的蒸腾作用。在长时间的作用下，风化作用的扩散会将砖块炸开成碎片，碎裂在人行道上，然后进入潟湖。在潮汐的持续作用下，水道将这些石头磨碎如同碾碎砂囊一般轻松，然后它们在那里被碾压并与垃圾、杂草和玻璃碎片纠缠在一起，最终再度堆积成不受人为控制的新海岸。这些合成的景观则会被季节性事件进一步装潢和塑造，这些事件可以是藻类的繁殖或者是一些间歇性事件，像水中出现类似于带花的地毯一样。然而，在水路的潮汐边缘，威尼斯城市的"柔性和活体性"则通过栖息在平行的繁荣之地中，成功地躲过了被各种元素完全侵蚀的命运。在此，海洋生物靠潮湿而茁壮成长，并不断与它们的微环境对话。它们将传统的材料转化为更加复杂的，并具有丰富有机性的装饰和编制纹路，这些装饰和纹路不受威尼斯哥特风格的设计原则所限制。因此，当威尼斯的传统砖被潮汐侵蚀、被中世纪下水道的污水消化、被亚得里亚海的盐压爆并被猛烈的侧风压碎时，水路中营养丰富的黏液以及微生物则会散落，并为各种充满微细胞组织的微型的平行"城市"提供援护。通过这种液体织布机，成串的生物体等被编织在一起，它们的细节揭示着不断变化的环境条件所带来的影响，上述景象就像一株城市般巨大的棕榈树，映入我们的眼帘。

6.3 威尼斯的活化石

　　如果你在威尼斯城中漫步并意图寻找它的起源，那么你正在从一个错误的角度来认识整个事情。

　　这座摇摇欲坠的城市一千多年来一直艰难地维持着自身平滑的脆弱天际线。它用自身木桩的基底紧紧抓住地面，凭借着建筑物之间的互相倾斜来互相借力，它才得以勉强保持直立。当这个城市陷入倾斜和扭曲中时，淤泥却一直在吞噬着地面。威尼斯其实可以被看作一个拥有巨大海岸线的泥浆生物。第一批活性砖的痕迹是在泥浆中发现的，三角洲土壤里存在一些生物产生能够将土壤稳固住，而活性砖就是由这些生物产生的——它们包括钙质藻类、产生生物膜的微生物、藤壶、牡蛎、贻贝和顽强的剑齿虫。而这些被精细构造的底面"活性"细节则远离人们的视线，在这个平行的领域中含有了生物的多样性以及非人类社区的蓬勃发展，而这些也成为威尼斯城市的根基、石座以及故事的一部分。

　　在潟湖的粉砂质水中吸食着黏液、砂砾、工业废料、家庭污水、微咸调味品和无数垃圾装饰物的生物，正在不断地重塑着城市的边界。他们的多样化建筑材料的调和物——从流出物的发酵液到已经固化的"生物"混凝土——在巩固砖头的同时也在侵咬它的结构。渐渐地，这些群落稳定下来，成为拴在砖石地基上的生物膜。这些绵延的长线和疣状的结痂像脚手架一般伸展进入水道中，像肾脏一样过滤它们。沿着水边的侵蚀和沉积造成的不规则现象，为能够持续生产独特材料、结构、细节和转变提供了场地，而这就成为罗斯金（Ruskin）所说的"石头"（这里的石头指的是Ruskin在他名著《威尼斯之石》中所提到的威尼斯建筑中美轮美奂的石雕刻）的"活体"的版本（Ruskin，1989）。随着它们的膨胀，它们寻求更多的依托方式，通过腐蚀蔓延至砖体之中，而砖头也会将它们吸纳到自身的物质构成中。它们啃噬着底层的砖石，在那里，它们一路往上并找到方法绕过那些无法被穿透的、用来阻挡湿气上升的防水层，然后将自己喷洒进入一个更为繁荣和腐烂的地方。在这些不断转变的物质场域中，微细胞群落不断地重新划分区域并（重新）将资源从一个地方转移到另一个地方。这些代谢性材料不知厌倦地为威尼斯装配了一个生活"层"——一个充满了牡蛎、水生动物、藤壶、贻贝、海绵、生物膜和苔藓虫的礁质层——使得它能够像一个生物一样，在与海岸线元素的持续斗争中不间断地进行生存谈判。一直以来，这些"活性石头"都在引导着海浪、风、潮汐、阳光、干燥和有机入侵，因此我们也会不禁地猜想，这些"平行的城市"现在究竟变成什么样子了。

6.4　威尼斯人的自动化棋牌

随着威尼斯的城市肌理，随着自然运算的法则进行自我重组，作为一套建筑尺度大小的迷宫，或者说棋盘一般的平行世界就会随之出现。这些非人类因素可以清晰地被市民或者游客看见，同时还会邀请他们参与到城市的持续演化和体验当中。

在一个狂风暴雨的冬日中，当水平线无情地在海岸边缘线上"磨牙"时，这个约翰·拉斯金（John Ruskin）最喜欢的地方，达涅利酒店（Danieli）的地面中一个大的模块以一种混乱不堪的方式跌落到城市的淤泥质底层当中。由于无法将地板恢复到原来的位置，这块方格大理石板被小心翼翼地整块拆下，并重新调整到建筑物靠潟湖的一侧。在这里，它呈现的状态似乎是某种平行世界中的厅堂，并欢迎着满载客人的敞篷车。

富丽堂皇的地板上留下了洞穴般的缝隙，浅棕色的瓷砖点缀其中，偶尔还有米色的岛屿，而这则意味着所谓的奢华威尼斯，其背后的真实面貌并不奢华——这个城市华丽的表面其实都是建立在充满泥泞的基础上的。这条裂缝很快就被磨光的混凝土板覆盖起来，这些混凝土板的位置高低不一，就像卡洛·斯卡帕（Carlo Scarpa）的奎里尼·斯坦帕利亚基金会（Fondazione Querini Stampalia）的内部水槽和水道一样。随着重新布置后的地板上逐渐布满了藻类、藤壶、贻贝、火焰生物膜、苔藓虫和肥硕闪亮的牡蛎，大厅就会变得太滑而无法行走。因此，为了在漆板上能够更好地行走，路人在其上加了一些从墙上松动或从海滩上打捞出来的砖石，做成踏脚石。起身，轻跳，跃起。大厅的地形结构被组织成一片片密集而繁密的蛋黄、陶土、巧克力屑、土褐色、全麦和焦糖橘色的建筑碎片。一群无聊的年轻游客开始按照国际象棋的样式对砖石进行布置。

象棋中的卒是单独的雕塑品，其细部的装饰由锋利的牡蛎梳，藤壶纽扣和墨黑虎贻贝边形成。棋盘中的"堡垒"（等同于中国象棋里的"车"——译者注）则是用海洋生物和混凝土的混合物将四块大石头相互堆叠并融合而成。飘逸的"骑兵"（等同于中国象棋里的"马"——译者注）的眼睛则是由耀眼的海景穆拉诺玻璃石打造的，那站立高度约为五块石头用悬臂式木杆撑起了他们高举的头部。而棋盘中的"护法"（等同于中国象棋里的"象"——译者注）则由圆锥形的石阵排列而成，足有六块石头那么高。他们的镜子碎片不断地与破晓的银光和夕阳的金色光韵交相辉映。而棋盘中的皇后是从私人花园中盗取来的，"她"是由受了天气侵蚀的石灰岩雕像组合而成，而"她"则透过多张已经无法辨识的不同的脸，凝视着环礁湖上的一切。十个内部看起来极其不朽的散乱砖石块组合成了棋盘上的"王"——一个短暂存在的国度的短暂主宰者——一旦这些完成，上述提到的所有被重置后的石头就会因为"他"的诞生——而被赋予内在的生命。携手共进，并在棋盘上各就各位。

而对立的军队则是由其他观光者用垃圾堆成用以对抗对面的活体石军队。塑料瓶被装满了水，并填满了卵石作为压舱石。在强烈的阳光照耀以及海岸元素的异样的影响之下，这些柔软体被烧结（sintered）成各种抽象的有机形态。有的则冲破了它们的瓶盖，并且被蠕动的蚊幼虫和虾苗所占据，由于没法找到回归海洋的路线，瓶中的世界则成为它们的坟墓。尽管垃圾的棋子军队与最初启发它们的"活体"石棋子几乎没有任何共同之处，但随着它们国王的就位，游戏则随即开启，它们也获得了一种奇特的生命力。

一个活体石棋子的"骑士"注意到了对面一马当先的兵卒迈出了大理石棋盘上的第一步。它拉响了警报，而随即多个石体的棋子在地板上向前迅速地前进一段距离，石头的军队开始辗轧塑料的军队。在熊熊艳阳的照耀下，这些被摧毁的对立棋子很快就与活体石棋子融合在一起并形成一种复合雕塑。

因此，不知所措的石头尝试更多的牵制手段去应对这样的化学防御屏障，而这样做的结果是进一步的合并效应。一颗柱子一般的棋子正好偏离了棋盘的中心，其姿态如同握紧的拳头一般冲天而起。随着大量的活体石继续压在塑料上，复合材料也随之不断重新成形并重新连接，同时也变得更加坚固——同时也变得更加古怪。然后，石头相互倾斜并形成了一些扭曲的桥梁，将棋盘和城市群岛连接起来。如今这个如怪兽一般，由塑料转换，重新利用的石头、海抛光玻璃、生物混凝土、贝壳、垃圾和回收的砖石组成的雕塑则成为Danieli桥——一个独一无二的威尼斯桥（ponti），而它则是以不断改变着自身与城市的联系同时其自身内部的"战争"也永不止戈而闻名的。

6.5 隐形能力

所谓的隐藏空间是真实存在的——而非幻想——尽管它的效果是主观体验层面而非理性层面的。隐形的力量是那些没有被启蒙时期的工具所识别和定义的因子（agencies），它们从物质和概念上的盲点中脱颖而出。它们渗透在生活领域当中，并赋予它陌生感。它们富含未知的神秘、力量和无法解释的现象，同时它们能够躲过我们感知从而无法被直接识别，并引发了超出我们经验范围的事件。

以前隐形的力量曾被宗教描述为神或恶魔的力量，或者某种尝试解锁神秘力量的魔法实践，而且在启蒙运动期间，隐形领域成为发现物质和物质动因的场地，它们被我们用一系列物理术语转化成为可被理解的概念，从而带到了世界的认知当中，比如粒子、光束和力学。而欣赏隐形领域的目的并不是仅仅为揭穿晦涩难懂的思想，并把它们变成可量化的名词（quantifiable nouns）和原子化的限定词（atomized qualia）。这片空间仍然是通往未知世界的通道，蕴藏着无法估量的特质。经典物理学理论的基石，艾萨斯·牛顿（Isaac Newton）的万有引力定律，在当时引发了戈特弗里德·威廉·冯·莱布尼茨（Gottfried Wilhelm von Leibniz）的震怒。他谴责牛顿的理论是"神秘学"的学术实践（Clarke and Leibniz，1998），因为根本没有肉眼可见的证据证明物体之间是否存在作用力，尽管牛顿可以通过实验去验证万有引力。今天，万有引力这种既强大同时又微弱的自相矛盾的原理背后的原因依然是未知的，因为引力子——理论上持有引力的粒子——即便在量子领域也并没有被发现。而艾伯特·爱因斯坦（Albert Einstein）的相对论对引力采用了非常不一样的观察视角，他将其看作一种由质量和能量引起的时空弯曲（是一种平滑的力，不像引力子那样量子化），而两种世界观则提供了两种截然不同的，对不同尺度的现象的观察角度。而只有将它们结合在一起，才能提供对引力的更全面的理解。

为了检验、获取并定义这些隐形力量的动因，巨型的仪器比如大型强子对撞机（LHC）被建造出来了。这栋隐形领域的"大教堂"其实是一个粒子的超级高速公路，被掩埋在瑞士-法国边境一百米深的地底当中，在此，通过对粒子探测器的定位（Atlas，CMS，ALICE and LHCb）以及不断地将氢离子和铅离子等相互碰撞，创造着一篇又一篇的微型世界"巴拉德幻想"。随着亚原子碎片在一层又一层的厚感物质中的破碎，复杂的程序将从激烈碰撞的残骸中对它们的厉声尖叫进行解读，并将其转化成为可视化的数字图像。这些对隐形领域所施加的暴力行为可能会引导我们以另一种思维模式来看待和评估我们所沉浸的世界。然而，一旦我们看到过一颗粒子如何在电脑屏幕上"死去"，我们如何还能相信身边的一切是静止的呢？

今天，隐形之力比以往任何时候都更具有相关性，无论是与社会的整体纲程还是探索发现。由于已经摒弃了生命论，生命科学要求复杂性和重现性来完成他们的工作。此外，生物学家也开始有争议性地采用量子力学的理论来解释生命领域的奇异性，比如欧洲知更鸟的导航能力，它们能够感知到不可思议的微弱磁力，从而迁移极远的距离（Al-Khalili and McFadden，2014）。量子物理学在生命现象中添加了一层不可预测性和诡异性，但尚未能完全"参悟"其本质。事实上，那些在所有生物叙事核心处引用一个全能的神的聪明的设计师们，其目的其实和世俗的科学家一样，只不过是给看不见的隐形领域起了另外一个名字罢了。但本质上来说，他们都是从同一本赞美诗词中吟唱出来的不同腔调而已——那隐形，无法洞悉的未知。这也是为什么在第三个千年刚开始时，我们假设了我们对世界的了解大部分都是完整的，并从传统的科学角度来看这是相当确定的，但事实上，宇宙的本质对我们来说依然是神秘的。我们现在相信95%的现实空间（Armstrong，2016a，p. 36）其实都有暗能量以及暗物质在涌动。而由于这些因子是不会在电磁显微镜中被直接看到的，而是隐含在其中，也只能在思想中进行想象，同时它们与日常生活的关联性也依然不得而知。

那些赋予我们生态系统活力的隐形之力比我们想象中的更加接近我们的家园，也同样是难以捉摸的，我们仍然不知道什么样的条件可以提高这个星球的宜居性。生命系统中充满着各种惊奇、风险以及不可预测事件的可能性，因此不可能是一个能被"设计"出来的系统。这一原则也适用于我们的生态系统和生活空间，如果我们要去建立设计滋养生命栖息地的方法，上述提到的随机性也是一个重要的考虑因素。可以说，生命领域中一些最有趣的奥秘可能在对生命起源的研究中被观察和探索到，但我们对它们的了解依然不完整。

古典科学是从原子论的角度来看待生命的，它假设生命的构成是用类似于蓝图组装机器的方式建造的，如同蒂博尔·甘地（Tibor Gánti）的极简生命模型一般只包含代谢、容器以及基因代码（Gánti，2003）。但事实是，即便经历了150年的科学实验，我们依然没能按照这个指导思想去将生命从无到有构建出来（Hanczyc，2011）。但无论如何，现代的合成生物学正在尝试通过解码分子信息并将其存储在DNA当中从而设计生命系统，而这也同时改变了我们对自然和生物学的认知角度。细胞组织正在变成科学技术的平台，而反过来，科技却变得越来越具有生命特质了（Haraway，1991）。这种以计算机为主导的方式也的确正在将设计从一种对生物体的机械论的世界观转向另一种观点，在这种观点中，数据和网络的产生可以帮助优化并达到特定的目标。这些所谓的洞察依然没法让我们实现生命的建造，但却使我们可以将我们现有的系统进行优化（Armstrong，2013）。合成生物学的确需要所谓的"幽灵细胞"来支持活性基因所需的代谢基础设施，从而维持生命无形的（未知）运作。

平行生命体，如布希里（Bütschli）液滴，是由一种不同的"自下而上"方法组装而成的，而不是机械式的自上而下的方法，这种系统所产生的确切结果尚不明确。但这并不意味着一切皆可随意进行，因为任何系统都有其自身不同的极限和可能性，而这些局限也是被物理因素所限定的，比如温度和反应物。由下至上形式的实验实践往往更多关注的不是设立目标——去刻意地修改或生产某个特定的事物——而是更加聚焦于表现和最大化地去开发系统的全部潜力（Armstrong，2015）。在生命系统中最成功的由下至上的设计，往往都是能够将隐藏因素融入平行的生命形式当中。尽管"涌现"这个术语被用于形容自发性类生命的分子排列——秩序从混乱中逐渐呈现，但这并不能解释被观测到的现象背后的原理——它只是将不可理解的神秘平常化了。

布希里体系（Bütschli system）用动态滴液从它们最基本的材料组成中的涌现，将隐形现象的存在显现了出来（详见第1.9章）。在实验设计中，对这些未知现象的存在和认识的感知是至关重要的，因此它们不会被合理化或价值工程化地从实验结果中剔除。这对于合成生物学来说也是一项挑战，因为它目前将生物体视为一种完全可编程和可控制的机器。这些预期和实际构成生命物质的超复杂、异质物质的属性并不一致。事实上，还有大量的知识及见解需要通过对简单的类生命现象的细致观察中获取。真实的情况是，动态滴液的行为逻辑和斯蒂芬·拉夫勒（Stefan Rafler）的柔滑生命（Doctorow，2012）、自动细胞机（Gardner，1970）之间存在同源性。化学系统和数字系统之间的主要区别在于，化学系统会从根本上改变，以产生颠覆性的特征，如行为和形式的完全改变，而数字系统则会保持着原有的特征，并在规律的基础上产生具有变化的图形输出，但系统的秩序不会有根本性的破坏。

6.6 隐形实验室：一个另类的合成平台

夜晚并不是一个站在我面前的物体；它能将我包裹，穿透我所有感官，并扼住我的记忆……它是一种深度——纯粹且没有平面，没有表面并且在我和它之间没有任何距离。（Merleau-Ponty，2014，p. 336）

为了探索生命的故事，我们需要一个平行的实验室，这个实验室不会在挖掘的过程开始之前就抢先预设结果。它所引用的是另类的开发方式，这种方式会产生更高质量的问题，生成新的观察方式，并激发想象力或者将无法解释的现象带到眼前。它是一个为了和生命世界产生平行相遇而设立的场地，这个生命世界则是通过各类物体与各种环境之间的关系打造而成。它呼唤着设计元素的幻觉，这种幻觉会激发自然世界另一种存在形式的可能性，栩栩如生的躯体和柔性活体建筑。这些时空的平行规则以及灵活的设计策略有可能会将建筑环境的影响转化为人类（与自然共同）居住的有力表现，从而使我们的居住地充满活力，使我们的世界更加适宜居住。

6.7 星质

物质以一种与我们时间秩序无关，并且以不属于我们的逻辑进行相互渗透。（Negarestani，2008，p. 49）

生命世界并不一直都被机械唯物论所左右。自古以来，希腊人就相信生命其实是被流体的力量，或者某种带有忧郁、镇定、狂躁和乐观的精神力所掌控的。作为一种物质和情绪的传递者，精神力量可能会被阻隔，从而产生错乱，因此需要使用一系列净化的措施，比如放血，从而对整个系统进行再平衡。而像血这样的液体也是一种能够激发"隐形"因素的介质，人们认为它不但可以影响一个人的行为和性格，同时还能控制一切活性物体的属性。

在启蒙运动时期，液体的流动被转换成为通过机械工程学的框架进行研究的概念，比如由路易吉·加尔瓦尼（Luigi Galvani）所发现的能够给予生命的生物电能（通过电子的流动所产生）。然而，并不是所有的力都能被抽象化成机械化的系统中不断被拆分并最终成为无法再简化的基本粒子。因在1913年对过敏性疾病的研究而获得了诺贝尔奖的查尔斯·里切特（Charles Richet）对能够感应到精神力的"第六感"存在的可能性充满了浓厚的兴趣。精神力是能够通过星质这种振动物质从而连接精神与物质领域。他还邀请了一系列调研者来一同参与探讨它们的存在性。

我们如何可以通过现实的振动获得知识？……我们并没有先入为主地去判断这些到底

是乙醚的振动，还是电子的发射……我们只知道，这些事物都在我们身边，而且离我们非常近，很多振动都不能被我们的感知所感应到，比如那些吸引力的振动、磁力的振动、赫兹波（Hertzian waves）的振动等。而同理，如果我们认为除了磁场的共振以外，就没有其他的振动了，那么这个假设也肯定是疯狂的。因此，我们设定了三种层次的现实共振：a）那些可以被我们的感知所捕获到的；b）那些不能被我们所感知到，但是可以通过我们的测量仪器进行显示的；c）那些未被我们所知晓，既不能被我们所感知，也不能被我们的测量仪器所捕获……当我们回顾历史，当那些未知的共振作用一个又一个在现实中被发现——过去的现实，现在的现实，甚至未来的现实——我们更应该对那些还没被发现的共振给予高度的重视。赫兹波的历史告诉我们这些振动在外部世界中其实无处不在，只是我们的感知无法感应到它们……当一个新的"真理"侵入到人类的世界中时，即便最具前瞻能力的个人都无法预测这样的发现会带来什么样的改变。即便从我们当今物质生活的狭隘观点来看，在一定的时间之后，新的"真理"一定会带来无法预见和预料的一系列连锁反应。就如当年赫兹（Hertz）发现了电磁波一样，当时谁又能预料到，我们的日常生活将会因此改变，而各大海洋上航行的船只都将获得如此便利的无线网络呢？（Richet，2003）

受过医学训练的阿瑟·柯南·道尔（Arthur Conan Doyle）通过将星质（ectoplasm）与凝胶，体液以及黏性液体进行类比，对其提出了一种合理的物质解释（Doyle，1930），而通灵者以及灵媒则通过超凡的身体感官体验来探索各种可能性。这些都是在黑暗的剧院里围绕着通灵桌进行展现的。摄影技术（具有讽刺意味的是，它是由胶状物质的光敏化学反应产生的）被套用于舞台表演，并让观众沉浸在有限的范围当中，这个领域的属性在物质性、短暂性、具身性、无形性、创造性以及破坏性之间游离。神智学家从身体的孔洞口中——特别是耳朵和嘴巴部分——变出奇怪的羊毛和织物的外貌，并宣称这种表现是一种有力的证据，证明这是一种能够连接生与死的物质。

在这些初浅的观测、残留、欺诈、表演以及平行的空间居住模式中的某处，生命以及柔性活体建筑都可以被理解为星质一般的物种，它们可以被编排，设计并工程制造。尽管这些徘徊在有形和无形领域之间的不稳定场域和材料编码还没被命名也没有一个清晰的设定，就像耗散系统或者变化的天气一样，但是它们却客观存在并等待着被我们发现，那时它们就会成为设计工具集可以调用的因素，并对建筑和环境事件产生直接的影响。

6.8 水母

如何将隐形的事物进行视觉呈现，目前还没有一个标准的答案。这些现象必须要被想象出来，以接受挑战或至少要达到我们对它们的预期。比如笛卡儿的恶魔，当我们第一次遇到某种完全超乎想象的事情时，可能在起初甚至更多往后的时间里，我们都不可能确定我们的感官是否被欺骗了——直到我们对其进行再度的审视。

在河道水表面上的光看起来非常奇怪，似乎在沸腾，或者说是在冒泡。在平时温柔的涟漪变得酸涩而扭曲。这已经是一段回忆了。我拉近了距离，有一瞬间我注意到了一些触手一般的东西在撤回：一个边缘的、半透明的身体，像一只被丢弃的手套在跳动着，但在我能够清晰看见它之前它就消失了。它又出现了。美杜莎。现在我已经被它们的存在所吸引，他们无处不在。它们的身体可以分裂光束并且保持缥缈不定，总是与其所在的背景相融。它们如同幽灵一般徘徊，它们捕捉鱼苗，潜伏在杂草丛中。我沉醉于它们幽灵一般的湮没——隐形的生态噬菌体，我站在安全的距离观察它们，然后转身离开，但一旦拉开距离它们又变得模糊起来，消融在一片片奇怪的光斑中。转瞬之间，它们膨胀成为跳动的反射光影，同时系着一丝丝发光的性腺如紫色的裙摆一般。然后它们深潜入水中消失了。

6.9 触感仪器

柔性活体抵制传统的表现形式，不仅因为它们是概率化的（probabilistic bodies），还因为它们的评估工具并不存在于当前已有的商业建筑设计体系当中。我们需要能够为物质的活性提供新的评价角度的仪器，这种仪器可以辨识很多事物，包括当远离平衡状态时，物质领域有可能牵引出的无形的力量、主观性、不确定性以及多样性。因此，它拥有在空间中以及在当今设计师无法轻易触及的尺度层面上进行发明的能力。

这样能够包含矛盾性（耗散性）以及类生命系统的材料将无法被硬性的策略所操控，所以这样的材料需要柔性的评估模式。一种远古的窥探艺术，水晶球占卜（scrying）——一个从英语词汇"descry"中提取的术语，它的意思是"从模糊中辨识出"或者"去揭示"——需要利用如镜面一般的表面，水晶镜片和水去窥探在"硬"物体的反射光面中所暗示的平行世界。据说瘟疫医生诺斯特拉达马斯（Nostradamus）利用一个特殊占卜仪器获得了一定的声望。他用的仪器名为黑镜（black mirror），这个仪器可用于观察物体之间的高度情景化和变化之间（transfigured）的关系，从而形成一组符号。在他漫长的占卜生涯中，他利用了一种方法，这种方法将比较突出被占卜人的名字，比如罗马的教皇以及相关的命运进行刻录，记录了1200种梦幻的诗句（四行诗）（Oliver，2014-2016）。

　　诺斯特拉达马斯有一种特殊的占卜方式就是水力占卜（hydromancy），这种方式会在空气与水的反射界面上产生一系列符号。它的"视网"膜可以通过将它们与黑色表面接地来强化，从而使其扭曲、反射、折射和一切物理干扰（波，表面拉力）可以以动态剪影的方式被观察到，而这些剪影似乎拥有内在的生命。这些涌现的符号可以通过一系列设计引导的决策进行揭示和呈现。作为黑泽（black pool）或者镜子，它们被广泛应用于室内设计以及景观建筑中，随着它们在不同的空间中迁移，它们会根据装置的形态进行图像采样。比如在多伦多Aga Khan博物馆中由槇文彦（Fumihiko Maki）设计的黑池（black pond）就可以将建筑的立面和天空反射到一个深不可测的空间中。电影制作人道格拉斯·特伦布尔（Douglas Trumbull）同样也以另一种方式调用了液体界面的生成能力，作为一种占卜的方式并且合成在他的电影中出现的"人造"宇宙与外星行星系统，比如 *A Space Odyssey：2001* 以及 *Tree of Life* 这两部探索宇宙进化的电影。

　　当大量的粒子在水体中出于悬浮状态时，它们的表面也会变成黑镜，它们会参与塑造一个场所的特征和氛围。在充满沉积物的威尼斯水道中就有很多微小的黑暗体不断地将光线散射。它们的镜像反射讲述着场地可能存在的特殊演变，而这种演变则阐明了物理建筑和环境介质之间的替代关系——水、风以及更多环境的力量。在这些表面中所产生的不稳定性指出了一个事情，那就是分子层面的作用力正在影响这些栖息地。而很多海藻和海洋生物的确跟随反射光进入了这片水空间，这里则成为一处新陈代谢的场域，孕育着新的生命活动的启动（Armstrong，2015）。

　　在正式的实验室环境中，我们可以通过"深色凝胶"来实现这种效果（图6.1）。这些凝胶由2%的琼脂糖与10%的1摩尔氢氧化铵组成。凝胶被安装在黑卡上，并通过凝胶体反射光线，以动态物质痕迹揭示其化学过程。在活化的凝胶中加入二价阳离子的可溶性盐类，如氯化铁（Ⅲ）、硫酸钙等，随着离子交换的发生，它们会在半液体界面上传播自组织化学波。在盐溶液与碱相遇的地方，会产生两种动态成分。第一种是自组织化学复合物，有着与空间时间无关的结构，并以图案形成带的形式遇到。第二种是当二价阳离子与凝胶中的碳水化合物交联时，在凝胶中发生的物理变化。这些凝胶开始像肌肉一样收缩，使基质像发育中的胚胎一样弯曲、滚动和折叠。因此，暗色凝胶体现了人工胚胎发生的模

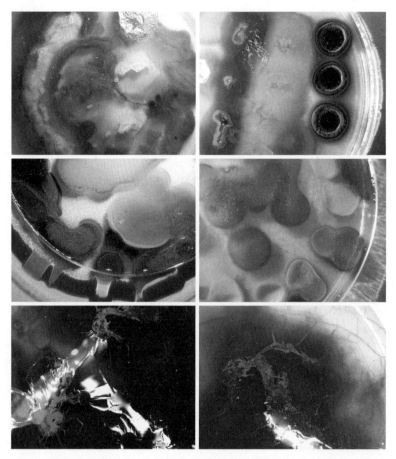

图6.1 被激活的凝胶是一道具有化学潜力的风景。随着盐梯度在这些地形中扩散，它们就变成了胚胎体，它们的卷曲和折叠为材料的表现创造了新的空间。照片由雷切尔·阿姆斯特朗提供，纽卡斯尔大学，化学外延实验室，2015年2月

式和生命现象的平行组织轨迹。最初，这些身体作为多孔的、丰富的胶质框架，对其所在地是半透明的，但在繁殖过程中，它们被固化并逐渐硬化成结构织物和代谢器官，从而塑造出柔软的生命架构的编排。因此，暗色凝胶通过重播生命的录像带，从其起源作为替代性的身体或存在形式和动态建筑事件，讲述了新的物质属性的出现。

那些能够编排高度多变事件的系统可以被理解为一种触感装置，它们可以为如何对活体进行设计提供工具库以及多样性的章程。它们促进了与物质领域直接息息相关的平行运算模式（parallel forms of computation）的涌现。它们的物质复杂程度类似于土壤，在土壤中每一个生命组织的枢纽都是独一无二的，并且它们会遵循一种空间发展的轨迹，而这种轨迹与所在场地的特性高度关联。它们不需要一个中心化的空间平面或者由上至下的程序去控制，而是用类似于一系列定制化的胚胎事件的模式来生成新的建筑空间。在它们

的生命周期中，这些具有触感的肌理，可以感知并在物理层面回应它们所在的环境，并可以通过制造地底物质的再生从而促进持续的代谢交换，以此来增进一个场地的肥沃度。

6.10　遗失的音乐：安东尼奥·维瓦尔第

　　生命领域中的组织系统大多是我们看不见的，然而它们的周期、迭代和规律却塑造了我们对世界的感受。传闻安东尼奥·维瓦尔第（Antonio Vivaldi）最美的作品的初衷并不是针对人类感官而创作的，即便在1741年他去世后，他那杰出的音乐依然持续在被传扬，并回荡在威尼斯水陆空衔接的海岸上（图6.2）。

　　维瓦尔第出类拔萃的音乐天赋在他出生的那天已被魔鬼所洞悉，在1678年3月4日，当时他正处于死亡的边缘，他的助产士立即给他进行了洗礼。然而，他的正式教堂首席仪式却被推迟了两个月。有传闻说是因为他在孩童时期出生的时候就带着严重的哮喘症，也

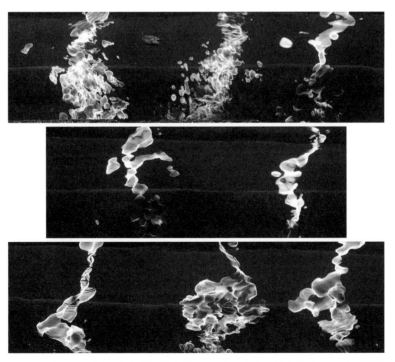

图6.2　在运河水面上跳动的幻影光符号被刻录在漆黑的生物膜上，从而捕获到了维瓦尔第所遗失的音乐，在新陈代谢的绽放中，详细地记录了威尼斯"活体"石的物理变化。照片由雷切尔·阿姆斯特朗所提供，威尼斯，意大利，2016年11月

有人指出当时有一场严重的地震撼动了威尼斯的城市建筑基础，这件事导致了洗礼的延误。但无论事实是什么，在这段虚弱的时段中，撒旦与维瓦尔第的灵魂做了一场游戏。维瓦尔第不断地与天使和恶魔进行角逐，他也因此在其一生之中都因为自身的"两面性"而痛苦（Fei，2002，pp. 67-9）。

在为自己的灵魂而战的过程中，维瓦尔第加入了天主教牧师的行列。这却激怒了恶魔，它因此诅咒这位作曲家，一直困扰他导致他无法创作出其灵魂深处最真实的音乐。但无论如何，这位牧师还是让自己的一生被华丽的音乐所充满，同时也被认为是最伟大的巴洛克作曲家之一。他写了450多首协奏曲，几十部歌剧和许多合唱作品，而这些作品也经常被皮埃塔院（Ospedale della Pieta）的女声乐团所使用。而皮埃塔院则是他被授予圣职的地方。

由于在那个特殊的时代，音乐鉴赏的潮流频繁地变化，因此作曲家的收入无法得到稳定的保障是常有的事情。有时维瓦尔第会很富有，有时却贫寒交加。在皇帝查理六世驾崩之后，他失去了皇室的保护和稳定的收入来源，最终在维也纳一家马鞍制造厂因为"内部感染"倒下了，在63岁的高龄以贫民这个屈辱的身份离开了人世。从恶魔的捆绑中挣脱出来后，他真正的灵魂音乐终于开始寻找自己的声音，但由于恶魔的诅咒还残存在音乐中并将其拖向地面，因此它无法进入天堂——但它同时也不属于地狱。

夜晚，当海浪在月亮幽灵般的光下微波荡漾时，水面上会出现奇怪的音乐形式，作为维瓦尔第被诅咒之作的符号。这些符号被神秘的力量所加密，因此没有人可以参悟它们。有的时候，当风吹过丛生的芦苇荡并漾起波浪时，如同一把无比巨大的琴弓正在划过一组无尽广阔的小提琴弦一般时，维瓦尔第的灵魂音乐则被水面的运动瞬间解码，成为甜美的声音和律动的符号。这些振动部分由于颤动的表面所产生，这些振动在水面上雕刻出一些持续显现的路径，对于一些微小的生物来说，它们就是持续存在的，由光矩阵和振动所形成的地形。今天，它漂泊在外的音律则被潟湖生物和生物膜转化成为海洋淤积物，并且将它们雕刻到威尼斯的生物活体石的细节当中。

6.11　绑定和打结

结艺（knot-making）是一种可追溯到古代的科技和一种计算系统形式。它结合了标志和物质的双重价值，能够用于重复性的记录，也可以用于产生有用的物品比如篮子编织、织物、设计迷宫的工作，甚至可以用于城市建造（Woods，2010b）。结可以改变空间中的运动（movement）。它们不单单是几何的空间构成；它们同时也是空间引导器，其构成可以被有效组织起来，通过一个系统对能量通道进行压缩和加速，或者也可以储存能量的流动，而储存的能量则可以通过解开结节来获得释放。这种阻碍的时长取决于结节的制作类型——从简单的编织到活结，甚至是不可能被解开的戈尔迪安结（Gordian knot）。

巫师阶梯（witch's ladder）是一种特定的制作绳结的仪器——它的目的是由其编织者进行定义的——而它可以用于引导无形的力量（Wingfield，2010）。第一个这种类型的器具在1878年被发现，发现的地点是在英格兰萨默塞特郡（Somerset）的威灵顿（Wellington）的一间老房子中，被发现时房子还在装修。梯子其实是一段绳子，绳子由羽毛编织而成，它被隐藏在屋顶的斜梁当中，被放置的方式让常人无法从房子的内部接触到它。这暗示了它有可能是用于某种巫术或者诅咒（而不是攀爬）。据说，绳结魔法有可能会在绑定的过程中加入一些个人物品，比如一个人的头发，它会被仪式中的施法而被催动，然后通过仪式化的方式来确定咒语所持有的意图和价值体系。随着最后一个结节的完成，整个魔法就成型了，随后所有的能量都会被注入容器当中，而所有的魔法力量都会被压缩并储存在绳结的各处结节当中。巫师阶梯往往都会被藏在临近预期事发地点的区域内，比如在一张床下。或者在一个房子的边角旮旯里。如果小心翼翼地解开绳结，或者将它们丢掷进流水当中，就可以将巫术化解掉。

绳结不仅可以由线结成，同时也可以在代谢网络中形成。自然生态系统中小规模、复杂度低的微生物联合体之间的化学交换，就可以通过节点图谱（knot mapping）进行描绘。这种方式则需要采用多重的技术和方法以及多种理论角度的结合——从宏基因组学（metagenomics）到质谱分析（spectrometry）——去解码这种不可被察觉的物质转化过程，而这种过程如果要用其他手段进行绘制的话，则会变得无比的复杂（Ponomarova and Patil，2015）。这些地形的拓扑结构可以帮助我们塑造动态的制作——"结"的语言，从而实现柔性活体建筑的最终建造。

为了到达这个地方，他们用高秆草编织了绳索，如同有稀疏的头发从其表面上发芽一般。这根基础的引导绳已经经历了几个世纪的风雨，其丝线横跨内部。现在，这些都变成了如蜘蛛网状一般的结以及空中廊道，使攀岩者能够毫无顾忌地追逐游荡，就像昆虫采蜜一样，甚至能够用塑料袋收集在屋檐上的露珠。一场有趣的"湿气"运送接力赛在攀登者之间展开，而这场比赛将那些逃离了大海的水分驱赶到了它们应该存在的地方——将它们体内所含的水分浸入到土壤当中。

6.12 幻象实验室

在18世纪和19世纪早期，幻象这种奇观是一种在黑暗剧场中为观众带来娱乐的沉浸式体验。这些表演其实就是处在物质和隐形领域之间的剧场，通过提取时空和物质的规则并结合，从而产生一种星质临界（ectoplasmic realm），这种领域的遭遇在那些时刻显得既虚幻又真实。

对于人来说最具震撼的两个时刻应该就是出生和死亡的瞬间。而所有在这两个瞬间之前和之后发生的事情对于我们来说似乎都被黑幕所笼罩，同时也没人能将它们揭开。千秋万代的人都站在这些黑色纱幕之前，手里举着火把，努力不懈地尝试去猜想黑幕对面到底有什么。诗人、哲学家以及国家的创造者们（creators of states）都在他们的梦中尝试描绘黑幕背后的景象，依据他们头顶上的天空的情况，或乌云密布或平静，用各式各样鲜艳或阴暗的颜色来绘制黑幕之后的未来。许多哲学家都因为广大群众的好奇心，通过各种手段激发大家对未来的不确定性的想象而获得了利益。但在葬礼的白色绉布中，在生死边界的另一边，却一直保持着最悲哀的沉默；而为了填满这种沉默所带来的空虚，人们会用各种话语将这段空白的想象填满，魔术师、神谕者和孟菲斯牧师都会调用未知艺术中幻象的手段，而我将会在你眼前试着演示这种幻术手段。（Maunder，1847）

通过使用魔灯技术，也就是早期版本的幕布投影，观看者可以观赏一场似乎完全真实成型的"超自然灯光"秀，在此可见，黑暗的地面图像和铺满整个场地的修女的阴影、鬼魂、跳舞的尸体和神话人物在烟雾和蒸汽缭绕的半固态屏幕上游行。一系列工具——比如移动、重叠、怪异的乐器（比如玻璃口琴）和口技——一起让这些幻影"活"了过来。

幻觉实验室与隐形的实验室相辅相成，它对那些现实世界中无形而且无法被看见的方面进行了审视（图6.3）。幻觉实验室采用了感官剥夺的技巧（利用惯性带来的乏味）和超荷载刺激（断断续续的生机绽放）将存在于平行世界中的星质（ectoplasmic）通过原型打造的方式带到了现实。起初，这种物质化的过程可能只是以一种在烟雾云中闪现的图像而已。然而，随着进一步沉浸，它们不只是视觉层面的幻象了，而是通过灵巧的手捏造而成的、可被感知的因子，带有不协调的品质比如柔性、运动性和部分渗透性。

图6.3　化学场域的符号产生的复杂结构，在液体层之间的界面不断运作，而这些符号则可以被解读为一系列"马戏团"的个体。这些个体在激活的化学场域之间穿梭，并产生让人意外的痕迹和转变。照片由实验建筑组（Experimental Architecture Group）［EAG：雷切尔·阿姆斯特朗，西蒙·费拉西娜和洛夫·休斯（Rolf Hughes）］提供，纽卡斯尔大学，2017年5月

　　人群其实就是一面幕布，通过这个幕布，熟悉的城市变成了幻影一般在向漫游的人招手——一会儿是一幕景观，一会儿则是一间房间（Benjamin，2002，p. 40）

6.13 可感知的沉浸式万花筒

伊恩·库森（Eoin Cussen）在1815年发明了万花筒，他通过三面镜子相互60°角的三面对称的排布方式发现了这种光学现象。在这些表面之间投射出的无尽反射可以从一个特殊的观察角度被看见，在此角度看去镜中的影像会呈现出雪花状的图案。当感性的万花筒同样构建了图像丰富的空间，这种空间会保持复杂并很难还原成简单的几何图形、材质或因果性，万花筒是一种本质复杂的观察平台。如果使用一种更具延展性的一系列反射表面——比如水、空气和泥土——它会致使参与者沉浸在万花筒系统令人陶醉的虚实空间阵列当中。在这个极度亢奋的空间当中，液态界面被各种不相同的反射、折射、反转、旋转和变换的图像所区分开来，从而产生非线性的阶梯来进入到透明的身体和朦胧的印象景观所提供的平行世界的过渡领域。

一片浅浅的黑池水引导光束进入到圣殿之中。观众的围观则如期而至，小孩子用他们的手指头不断划过光束，并用他们好奇的眼神自恋地打量着自己的倒影。光从屏幕和筒灯中升腾而出，并在背景墙上投射出幻影，在此一道持续变换的风景，如同栩栩如生的化学物质在马戏团的空间里闪耀。在靠着墙上的浴缸中游圈圈的青鳉鱼也将它们的倒影牵引进入这个混合的空间当中。而随着银色吊架的升起，一口无尽深渊般的井在其之下出现——一个梦游仙境的兔子洞。观察者们探近了身子，尝试理解这个虚幻的空间到底是在上升还是坠落。无数人影在琢磨着如何可以进入这个黑暗领域，还开启了一场混淆了在男人、女人、空气、水、形象和现实之间的区别的杂技般的讨论，还对生命的本身产生了疑问。

在2016年4月8至10日，巴黎东京宫举办的"请打扰！"（Do Disturb!）节日上展示了"非线性爬梯的诱惑"（The Temptations of the Non-linear Ladder）（详见第9.3章）。它用实验性的方式探索了不同的存在条件之间的中转领域——比如，从地球到外太空的居住模式。一个具有触感的万花筒被安装在这个星宫的空间当中，而其形式则采用了一个大型的黑镜（4米直径）以及液态的镜头（含有青鳉鱼的鱼缸）。在这些不同的表面之间的不断变化的反射，折射和扭曲生成了混合图像以及一个具有过渡空间外貌的动态画像。随着马戏团的激进分子的身体穿过这个万花筒空间，他们变得与所在的背景环境密不可分。在整个节日期间，这个即兴表演重复了9次，但每一次都有不是完全复刻的，因此许多游览者会反复光顾，多次观看表演。

随着存在的极限得到扩展以及预期不断被打破，在这些短暂并充满变数的瞬间，一些奇怪的事情开始在那些肢体上产生。与其他在身体被皮肤包围的物体不同，处于临界点的身体被完全吞没，并且和违反了解剖学传统观念的趋势形成了互相融合的状态。一些原来被垂直向下的作用力所固定的流动方向现在竟然可以横向流动甚至向上流动，并与它们的邻居互相混合。紧绷和栓系的组织变得松散，并能渗透到新的代谢领域。尽管这样的渗透如果从一个标准的人体学来衡量肯定会被判定身体机能出问题了，但所谓的标准人体学只是我们对事物本质认知的极限，从这个万花筒中我们可以清晰地看到，在身体当中，当我们低估了他的存在时，平行的排序系统仍在工作。如此，身体不再是物件，而是那些可以被拉伸成新的组织结构和形态的，并且处于亢奋当中的物质状态，在此，对一个身体的判断是基于其身份、社区和其所属的躯体类型来不断协商的。那充满着不确定性的，通向极端适应性和平行进化的道路，在被伦理、哲学、存在主义、环境、技术以及文化等问题的限定下，启动了。

7

原型实践

一系列广泛的原型设计实践体现了柔性活体建筑的美感、品质和准则，它们会开发出一幅描述柔性活体建筑在潜在的平行世界中的肖像画。

7.1 平行之美

多样化的躯体激起了另一种价值体系，这种价值体系超越了目前常规社会共识背后的真理。比如，传统对美的理解是一套价值系统，这套系统假设对称结构是自然界所赋予的天然美，这种观点被社会价值观进一步固化，甚至被作为挑选伴侣时的一种标准。然而，在生态时代非常规的价值判断标准——包括性接触方面的另类概念——会主导我们与身体和空间接触，它会让我们的注意力聚焦到更为广阔的领域当中，让我们知道到底什么是最重要的，而不仅仅是个人的关注点。平行之美就是这种转变的一个标志物。

对于生态世代（Ecocene）而言，"美"可以激发人与人之间的和谐关系以及他们与其他活性机制的关系——从细菌到森林、土壤、空气和大海。平行之美存在于促进生命活动的空间之中，并促进类生命的事物从贫瘠土地中涌现出来。这已经不是一种表层的性质而是与物质机能本身共享某种本体的机制（ontology），而这种机制含有某种深度链接，可以与生命、多元化、生命交流以及所有的根本性极端转化进行深度关联。

没有任何一种动物或鸟类如同伊格纳姆（Igname）那样穿着他喜爱的华丽装束。他卷曲的头上系着一只年轻的夜鹰。这只鸟长着毛茸茸的喙以及一对充满惊奇的眼睛，它拍打着翅膀并不断凝视，搜寻着可能在月圆之夜出现的猎物。在伊格纳姆的耳朵上还挂着一束松鼠的尾巴和松果，为此他打了耳洞，而打孔时用的却是他在湖边发现的两条已死的小梭子鱼。他的蹄子被他飞奔时压死的兔子的血染红了，他活跃的身体诡异地从森林中蹿出，并且被紫色的斗篷包裹着。他把赤褐色的臀部藏了起来，因为他不想一下子把自己的美貌展现出来。（Carrington，1988，pp. 7-8）

一个具有"美感"的柔性活体建筑的案例就是一个在德国汉堡（Hamburg）（Schiller，

2014）的智能建筑房子（BIQ）。为了能够创造出生物量，在一个光滑的建筑外表皮当中灌入了空气（二氧化碳），并且这个外表皮的玻璃幕墙内充满了生物群落（藻类）（Steadman，2013）。在这一过程中会产生一幕奇观——生物体会被转化成不断上升的气泡，并像美杜莎（详见第6.8章）一样扭曲和转动。然而，BIQ的优美之处并不源于某个特殊的物件、表皮、风格或者事件，而是源于其自身奇特的变形能力（quotidian metamorphoses）。它是一个"变形者"，随着雨点将它们拖得脏兮兮的，如手指一般的痕迹顺着玻璃窗滑落并将射入光分离成不同的光线，这个建筑今天的外貌已经与往日截然不同。而明天，它会再一次演变，因为风暴将会来临并将它的外立面变得忧伤而黑暗。

柔性活体建筑彻底接纳平行之美，并将其视为一种不断寻求与外部世界进行融合的活跃状态（Woods，2010c）。达里（Salvador Dalí）将这种美形容成一种恐怖却可被吞食的美丽。他描述的柔软的、蜕变的世界中，充满了不断变化，且相互吞噬的生态关系。在一个无尽的身体、物体、系统、情绪中，不同的系统之间是实实在在地会相互进行吞噬的。而且我们可以想象，在某一个时间点，它们会重新获得自身的和谐性并生成某种全新的合成体或者（重塑的）化身。尽管达利把这些演变的性质定位在精神的范畴内，但柔性活体建筑却可以将这些跃迁以及演变物质化——类似于engastrulation（一种极度铺张阔绰的菜谱，详见第3.7章）——并且改变了我们的价值体系以及与生命领域的互动。它们同时还会对我们赋予不一样的能力，使我们能够根据他们采取行动。

平行之美通过它的可食用性（edibility）成为一种另类体验的基石，这种体验并不被传统对身体的概念框架所束缚，而是能够延展到生与死网络之中。在崇尚美的同时，具有美感的对象有可能引发一些负面的行为，比如虐恋行为、跟踪行为、嫉妒行为或是不同形式的操控以及玷污行为。因此，在生态世代，美的概念将会与伦理和欲望的教化完美地纠缠在一起，我们需要（重新）对这个世界燃起热情，而这些伦理和欲望的教化则可以应对这一层面的需求。平行之美给我们的栖息地注入了另一种活力和繁荣，这种活力和繁荣被生命世界的自然馈赠和生命力所感染，而在这种馈赠和生命力是纯粹的，不含有任何愤世嫉俗以及讽刺。尽管它无法阻止灾难的发生，但却能用一种让人惊讶的方式将悲剧进行转化。

这让我想起了米拉尔达（Miraldalocks），一个具有蜂腰和丰满骨盆曲线的年轻女人。然而米拉尔达最突出的特点其实是她浓郁的带有神圣味道的深色长发。事实上，无论她走到哪里都有一群蜜蜂如影随形，在她身后不断发出嗡嗡声和嘤嘤声。传闻当米拉尔达进入一个房间的时候，常人有可能会因为吸入她的气息而昏厥。米拉尔达（Miralda）很少出门。即便真要出门，也只会在黄昏，而且还会戴着面纱。当然这与夜间养蜂的嗜好无关，而是她其实很清楚她的外表有多么地不被世人所接受。因此，她将自己隐藏起来。一个晚上，村子里来了一个好色的巫师，他深吸了一口气，却迷上了米拉尔达那奢华的头发，于是他开始向她求爱。他在一片漆黑中走近她，由于不懂得奉承的艺术，米拉尔达被巫师的诱导所吸引。很快，这个足智多谋的巫师就拥有了米拉尔达。但好景不长。一天早上，当巫师起床后看向米拉尔达的脸庞时。他感到了深深的恐惧以至于他瞬间杀死了她。为了掩盖他的内疚，他将她脚朝上，脸朝下埋进了土里，从而能够让他忘却他所犯下的罪行。然后他离开了这片土地，再也没有回头也没有再回来过。自然界对这个无辜的年轻女人的故事感到震惊，并怜悯这可怜的女人，于是决定重写她的故事。风携带着米拉尔达的死讯并传给了蜜蜂以及一些景仰她的动物。很快，它们来到她身体所埋葬的位置，空气搅动了起来。可爱的昆虫们一个接一个地用花粉、肥料和种子铺洒着这个芳香的地方。对于蜜蜂来说，一张漂亮的脸怎么能比得上身上散发出的芳香呢？在土壤里的生物很快便开始转化米拉尔达的躯体。他们重新组织她的细胞和骨骼，重新设计她的新陈代谢并且通过光合作用，赐予了她能够在阳光底下屹立的能力。今天，她的永恒墓地充满了肥沃的景观。沐浴在生机当中，米拉尔达的头发开始生长，并获得了自己蓬勃的生命力。它不断生长直到每一根线开始扭曲成一个美丽的图案，艳丽的弯曲木质茎炫耀着她的转世重生。当嫩枝从茎上迸发出新的生命，它们向阳而伸展，展开着充满浓郁香气的叶子。它向恋人招手，在芬芳的云朵中徘徊。米拉尔达的魔法今天依然在持续，这颗不可思议的植物名为"米拉达洛克斯"，被药剂师采摘用于恢复生命。

这样的经验转变可以赋予设计师能力，让他们可以做出选择并对整套系统的模式进行评估，这套系统可以用于评判柔性活体建筑的状态，使其探索以及原型设计可以为世界带来更好的居住方式。

7.2 平行土壤

柔性活体建筑的平行土壤不需要自然环境，同时其生成的过程以及基本的物质构成和自然土壤也有可能完全不一样，而这种过程有可能像希普顿修女乌苏拉·索内尔（Ursula

Sontheil）的神秘形象中所描绘的，同时她的故事也体现了一种具有高度特性的泥土制作的平行模式。

在1488年一个风暴交加的夜晚，乌苏拉·索内尔在奈德河岸的一个洞穴中出生。作为一个15岁女孩阿加莎（Agatha）的私生子，她生来就不幸。她母亲要完全靠自己的努力去维系自己和孩子的生活。在贝弗利修道院院长"怜悯"他们之前，阿加莎一直都在一个石灰石洞里养育乌苏拉。阿加莎被送到一个尼姑庵，几年后她在那里去世，于是当地一个家庭抚养了还在婴儿时期的乌苏拉。

年少的她是一个很奇怪的孩子，拥有骇人的面容——大鼻子至歪扭扭的，苍白的皮肤上长着疣，背因脊柱侧弯而弓起，双腿也是扭曲的。由于受到上流社会的排斥，这个年轻女孩学会了与自己交往的乐趣，并因此对大自然有了深刻的了解。她把所有的时间都花在她出生的山洞里，研究森林生活。在观察中，受到生命领域中事物先天能够拥有恢复力和治疗能力的现象所启发，她尝试去对药剂和占卜术进行实验。她24岁时认识了一个木匠名叫托比亚斯·希普顿（Tobias Shipton），并与他结为夫妻。尽管其他人都觉得她长得丑，托比亚斯却看到了环绕在乌苏拉身上的智慧、精神以及对自然的热情和聪明才智。尽管她的丈夫并没有给她带来孩子，他们却彼此深爱着。非常悲哀的是，她的丈夫在他们婚后几年就去世了，留下了心碎的乌苏拉。她发誓要维护丈夫的名誉，所以一直保持单身并保留了丈夫的姓氏。同时，她的智慧和占卜才能也与日俱增，因而逐渐成为广受赞誉的"希普顿修女"，同时也是全国公认的"纳雷斯堡女先知"。她能够将未来将要发生的事情描绘得栩栩如生，同时也做出了许多具有重大意义的预测。她预言到沃尔西主教（Cardinal Wolsey）会看到约克，但他永远也不会看到他到达这座城市。在1530年，沃尔西主教爬上了一座塔顶，远远地看见了约克，但他随即便收到了国王亨利八世的信让他即刻启程返回伦敦，之后他便死在了回伦敦的路上——这应验了希普顿修女的预言。尽管有可能会被定罪为女巫的风险，但乌苏拉却找到了方式去回避女巫猎人的麻烦，并于1561年以73岁的高龄平静地离开了人间。

尽管她的名声在（英国）国内家喻户晓，但比较讽刺的是所谓的具有女巫和女先知之名的希普顿修女很有可能根本没有存在过。她的许多预言都被证实是伪造的，目的只是为了出售章册和年鉴。甚至17世纪她的传记作家，理查德·海德（Richard Head）和查尔斯·辛德利（Charles Hindley）都忏悔自己杜撰了她的出生以及编造预言诗的各种细节。

　　比她的传奇更加惊人的则是那营造了希普顿修女洞穴中可怖场景的地质系统实景，传闻她曾经住在这里。这个地方的环境是高度晶化的，因此含有大量矿物质的水源会将整个场地转化成为一台三维"打印机"。随着地下水穿过洞穴内的多孔岩石，其中的一些岩石会溶蚀。酸性气体二氧化碳在水中溶解矿物质，其与空气相遇时，可溶性矿物质沉淀成固体碳酸盐晶体，会从岩石上生出长长的钟乳石，像手指的形状一般。通过软质与多孔材料的交织，洞穴系统被形成了高度组织性的类似土壤的结构物。

　　一些人依然相信那些口口相传的、有关于希普顿修女的传言是有事实依据的，而这些依据则是通过实地展示文史遗址的橱柜里陈列的奇怪渗透的软体结构得到了证实。如今，人们在这个遗址举办了一项文化活动，就是将软体的物质放在石化水之上（图7.1）。这台用来制造石头织物的"织机"上挂着帽子、龙虾以及图腾面具，但特别出名的则是现场挂着的一串串石头泰迪熊。洞穴顶部涓涓细流的雾气如平行土壤一般，而它们则随着这些雾气在不断地旋转和摆动。

图7.1　让人惊悚的非洲面具、网球拍、靴子和柔软的玩具悬挂在希普顿修女之井石化的水面上。照片由雷切尔·阿姆斯特朗提供，克纳雷斯伯勒（Knaresborough），约克郡，2012年

7.3　泥人

　　那些戏剧化的化学反应形成了我们所认识的土壤，并且与我们身边的生命世界息息相关。比如蒙脱石（montmorillonite）这样的泥物质就有可能是生源论学说的核心关键（Hanczyc，Fujikawa and Szostak，2003），而这种泥土的基因代码有可能比人类自身的语言甚至基因代码还要复杂（Logan，2007，p. 127）。

　　从益生菌黏土到有机生命的转化有可能是由于……紫外线生命的存在，（在那里）铁有时能从空气中捕获二氧化碳和氮气，从而产生一种有机化合物——柠檬酸，然后可以从柠檬酸中逐渐生成氨基酸。因此，远古时代地球上的海生黏土，通过摄取二氧化碳、氮和光来获得能量，并有可能产生有机生命的基本模块……黏土（曾经）能再生吗？……一个特定的黏土中所带有的秩序特征是否会在其产生的其他黏土中进行复刻？……这种秩序是动态的吗？而它又是否会引发泥土之间的互动？（Logan，2007，p. 127）

　　在卡普里瓦（Captiva），罗伯特·劳森伯格基金会（Robert Rauschenberg Foundation）的公寓里，这里曾经是罗伯特·劳森伯格工作室的所在地，我曾经开发并安装了两具泥质雕像，它们象征着土壤本身有孕育生命的潜力（图7.2）。男性的角色象征着泥土，而丰满的女性角色则具有一种滨海的特征，加上一条如海牛一般的尾巴则显得更为传神。这个作品是RISING WATER Ⅱ 活动的其中一部分，这个活动由巴斯特·辛普森（Buster Simpson）和格伦·韦斯（Glenn Weiss）策划，为的是响应如今困扰至深的一个环保问题，就是与大陆隔离的岛屿区域的土地问题。因为在日益增高的海平面问题下，土地和所有权都在逐渐消逝（Gavin，2016）。两个雕像将会被坐落在水和陆地之间边界不清晰的灰色地带。它们坐落在红树林中，对于陆地来说它们是供肥沃生长的容器，但同时它们也延伸向水中，与海洋生物建立了忠实的联系。生命的流动和新陈代谢通过它们身体上的孔洞，而这些孔洞则用来作为红树幼苗的花托，铸铁脚手架把它们升到海平面以上1米左右的高度——而这将会是2050年预期的海平面高度——迎接着海洋珊瑚化的到来。

　　虽然我们的地质和土壤有能力将事物进行转化，但它们自身却无法创造价值。泥人（golem）这个概念则探讨了生命事物具有"被创造性"的一面，它还会对深层次的内在意义和目标提出疑问。生命本质上来说真的不只是一种物质现象。它不是一具由泥土塑造而成的傀儡；它也不是一个由科学怪人那样通过生物电拼装而成的猛兽。它是从我们内心

图7.2 男女的雕像不断吸引物质的流动进入它们的身体当中，因此它们的躯体成为肥沃的场地，并激发着能够在水与陆之间进行转换的生命形态的殖民，因此也使得这片场地能够应对侵袭的潮水。（由雷切尔·阿姆斯特朗所创作的艺术品："泥人"，2016年4月，陶瓷，50厘米×20厘米×15厘米，佛罗里达，卡普里瓦，罗伯特·劳森伯格基金会，有场地针对性地装置作品。）相片由雷切尔·阿姆斯特朗提供：佛罗里达，卡普里瓦，罗伯特·劳森伯格基金会，2016年5月

深处流动的更为奇特的东西中衍生出来的，类似于光一般，玄妙且错综复杂。这种活力不仅仅存在于物质领域当中同时也通过无形的交换网络分布在整个生命社群当中。

7.4 威基瓦切的美人鱼

　　柔性活体建筑拥抱平行世界，无论它们是虚无缥缈还是实际存在的。它有着无限创造的自由，还可以堂而皇之地游离，去探索那些不可居住的领域并将它们变得适宜居住。

哎，阿爸，阿爸，请一定要带我去看美人鱼。

伴随着深深的叹息声，雷克萨斯（Lexus）呼噜呼噜地驶向威基瓦切（Weeki Wachee），一个只有12个常住人口的小镇，其大部分人都处于贫困线下。在一个自然的泉水和水域的环境中，迷人的"活美人鱼"每天要进行三到四场表演。自1947年起，这景色让无数观众感到雀跃，包括不少名人，比如猫王（Elvis Presley），艾丝特威廉姆斯（Esther Williams）和电线人拉里（Larry the Cable Guy）。在一个可容纳400名游客的水下剧院，13美元的入场费包括了在水下观看演出和餐饮服务。

这就是我想做的：我想成为一只美人鱼！

随着一个老式风格的剧院幕布掀起并通过冒泡一般的风景映入观众们的眼帘，一条，两条，三条女人鱼从一个狭窄的石灰岩开口处垂下，发出同样的微笑。

想象一个静谧而美丽的地方，一个缥缈的地方，一个古老而梦幻的地方。

她们如同粼粼的波光一般，一个接着一个地跳落进入清澈的泉水里，池子的大小在50米乘65米左右，底部由沙子组成。泉水每天排出5亿公升淡水，并流入地下400英尺深的洞穴隧道网络当中。

一名男子观察水下空气软管呼吸技术，回忆起自己儿时想成为宇航员的雄心壮志。他的梦想和他女儿不一样，女儿着迷的是美人鱼的鳃和鳍，而他的则是加压头盔、胶囊、气泵、钢筋加固结构和能够带着他通往其他世界的熊熊烈火。而这并不只是幻想。他曾经为肯尼迪太空中心工作，自1962年起，现代的美国梦就在他脑海中根深蒂固；一个原始的愿望–让先进的技术文明去填满现有的凌乱并充满凶险的太空。然而，他并不是那些被选中在太空中生活的人之一，但他却是千万个技术支持人员中唯一一个能够设想失重状态其实与水下呼吸和飞行的状态类似。他知道在这些不可能被征服的领域，人类需要有应变、转化与变异的手段。在异域的"风景"中，他们需要采取新的居住方式，并预示着一个现代"超人"时代的到来。

水中悬浮液是我们的胚胎液。

克里斯托弗·哥伦布（Christopher Columbus）注意到，有些美人鱼颇具阳刚之气，就像马戏团中留着胡须的女士们。当然，"女性"这个相当特殊的概念在这里其实是值得拷问的。然而，人们认为的是——如此显然的迹象其实是一种海市蜃楼，实际上那是体态温和、肌肉丰满的海牛，正哺乳着它们的幼崽，而只是从远处看，让人误以为是慵懒的人类。在6英尺高的地方，海牛用尾巴站在浅水中，用柔软的颈椎骨转动它们的头部，同时它们宽阔背部的末端则伸展成一个强有力却类似于鱼一般的形状。从肩胛骨到指骨的四肢，它们的前肢就像"雌性"的手臂，自然地以五根手指状的骨头结束。欧洲的杂耍节目很快就登上了"最近发现的"新大陆美人鱼的广告，文章号称这些美人鱼是被水手们射杀而死，因为他们认为自己会被她们引诱致死。死去的海妖和虚构的、由猿猴和鱼混合的尸体，证明了这些"怪物"的存在。

我是一头美人鱼，我的女儿也是一头美人鱼，我的孙女也是。

所有女性的尺寸和形态，都被人用各种理由想象成了美人鱼。在这一刻，她们在水下走钢丝，打伞，呼吸着泡腾的弹簧管，膝盖处因为带着尾巴和饰有亮片的鳍状肢奇怪地弯曲着。如果你是一个水性比较好的人，那么你就可以在泡沫的幕布下自由自在地生活。

只是因为你不想住在一个幻想的世界里，并不代表我们不存在。美人鱼无处不在。

7.5 女巫瓶

有价值和有目的性的泥土制作形式曾经在传统的咒语编制的实践中被使用。在仪式上，容器会通过非常仪式化的形式，装入一系列具有符号意义的材质和物件。比如，盐代表了净化，而钉子则意味着伤害。而这些不同成分的特定排列方式，则意味着可以通过被装载的材质的属性，去召唤无形的力量进入一个场地并影响事件的推演。

在2016年5月份，三个"女巫瓶子"被开发成一个可编程的土壤原型、文化实验和土地艺术的三联图，它们标志着罗伯特·劳森伯格基金会在卡普里瓦的地产所有权范围内的一个特定领域（图7.3）。女巫瓶曾经是一种流行的方法，可以对特定的事件过程施加影响，这是源于英国16世纪的一种传统的制作符咒的方法。驻地项目则将中世纪施法的工

图7.3 一系列女巫瓶子具有不同的主题，包括从当地的巫术实践中所提取的气、水和火等元素，并利用它们去尝试建立一套具有场地针对性的保护符来保护劳森伯格的产业，同时引发如何应对气候变化破坏性后果的战术对策的对话。（由雷切尔·阿姆斯特朗所创作的艺术品：玻璃瓶，沙，贝壳，指甲，玻璃，以及一些零碎的搜罗物品，2016年4月，75厘米×50厘米×50厘米，罗伯特·劳森伯格基金会占有地，卡普里瓦，佛罗里达。）照片由雷切尔·阿姆斯特朗提供：罗伯特·劳森伯格基金会，卡普里瓦，佛罗里达，2016年5月

具属性和当地用沙子和贝壳等泥土结构制作纪念品瓶的风俗习惯进行了结合。因此，由此产生的原型同时具有象征性和地方性实践的影子，以探索土壤结构与环境价值观的形成，以及它们之间的关系。

这份作品能够响应当今热议的生态变迁和焦点问题，在卡普里瓦这样的地方，陆地的体量正在被具有毁灭性的潮水侵袭所威胁（详见第7.3与第7.5章）。而这些瓶子的宗旨就是，希望通过将负面力量引导到变革的土壤基质中，从而遏制或摧毁这些负面力量。女巫瓶子里建造的手工土壤利用土壤的物质和神秘特性被寓意成为土地的守护者，它们将通过它们特制的土壤系统来引导空气、水和火的质量。

土壤咒语是在安置地点生成的，它以一种强烈的冥想的方式进行，并且试图与贯穿场地各处的无形力量寻求联系。一道为环境保护的魔法被施放，尤其为现场的树木求平安，让它们能够在风雨交加的日子中存活，因为它们曾经在2004年代号"查理斯"（Charley）的龙卷风来袭时遭到了严重的破坏，在这场灾难中它被龙卷风连根拔起。在动荡时期对它们的保护，对于已故的"鲍勃"（Bob）劳森伯格（Rauschenberg）来说尤为重要。

方案的基本构成包括三层牢固的土壤材料，用手小心地将它们分层放入三个75厘米高的玻璃平底烧瓶中。在底层会垫一层暗沙，象征着有害物质；在此层之上，放入了卡普

里瓦的沙子和贝壳样本，代表了它们背后所寓意的主体需要被保护；而在它们之上则是一层白沙，象征着净化。在这些层级之间，特定的带有符号意义的元素会被发展成边界层和物质符号。镜子的碎片唤起了预言、危险和转瞬即逝的事物。彩虹色亮片表明生物多样性，而当年毁灭树木的铜钉象征着对生物系统迫在眉睫的威胁，预示着未来的危险时刻。色彩鲜艳的沙子也被仔细地分层，以表明特定的元素系统是通过什么炼金术的力量形成的，比如空气、火和水。瓶子的瓶塞是用当地的海葡萄木雕刻而成，而完成的装置则用具有不同编码的蜡烛密封起来，不同的编号代表不同的符号意义。带着一颗红心的黑色火焰将生命和死亡领域联系在一起，白色的蜡烛则意指向诚实正直，而蜂蜡代表了自然领域的有机力量。

每个瓶子的位置都划定了一个受保护符影响的保护区。与空气属性有关的元素会被调用到树底下配上一个自然存在的蜂巢，水系元素则是被用在一个拐弯处，面向劳森伯格纪念椅，而坐在这张椅子上可以眺望大海，火系元素则是通过在一株"火焰"树下放置瓶子进而形成，这颗火焰树的枝叶呈爪状，而且叶子和果实是橙色的。

这些女巫瓶子的目的并不是要"解决"环境气候变化的问题，也不是要从物质层面阻止海平面的上升，而是象征着具有特殊的价值领域，它可以引起卡普里瓦社区内的讨论，让人们能够思考在近期和长期的时间范围内，如何解决岛屿宜居的关键问题以及因此所需要面对的艰难决定。只要这些瓶子在罗伯特·劳森伯格基金会的领土上具有永久的居住地，那么这个话题就会一直持续。在我将要离开住所的那个周日，一群神论基督教徒围绕在了"空气"女巫瓶子周围，而这个瓶子周边还包裹了一团云一般的蜂群，他们讨论着艺术的本质、自然的本质以及一切生命事物的多样性如何更加彰显神的荣耀。

在艾尔玛（Irma）龙卷风过后，罗伯特·劳森伯格基金会的主席安·布雷迪（Ann Brady）提醒了我，在她的提醒之下，我看到了女巫瓶子竟然真的"起了作用并拯救了两株凤凰木"。

如何解释这一切？！魔法似乎真的还存在于世界当中（Brady，个人对话，2017年9月18日）。

在平行的领域当中，女巫瓶子在BBC电台的好奇博物馆中以虚拟的形式存在（iPlayer电台，2016）。在那里，它们"与一系列精妙的捐赠品放在一起，包括纳尼亚红、一个巫婆瓶子、一只短脸熊、一些野生无花果树和被油烧过的博物馆残片"（Quite Interesting Limited，2016）。

7.6 歌革和马戈

土地和其上所居住的人们之间的精神联系是一种古老的概念，它的中断有可能引发极端的冲突甚至是族群灭亡的事件。

虽然和我紧密相连的土地不再与我一起思考，或通过我思考，但是在它身上生长的绿色植物、那些正在它变厚的土壤以及正在发育土壤中的新陈代谢热量的一举一动，却能在我的肉体上得以延续。

《圣经》中关于歌革（Gog）（移居者）以及马戈（Magog）（授予的土地）的故事都描述了文明与他们的家园之间不可分离的关系，尤其是在敌对势力聚集起来攻击以色列人民的这种情况下，而他们的神则应许了他们，让他们从这创伤中解脱出来。

人类的子孙，请你面对马戈地的歌革……我将入侵一片荒芜的村庄；我要攻击一个和平的、毫无戒备的民族——他们都生活在没有围墙，没有大门和围栏的地方。我必抢夺掠物，转手对付已经重新安置的废墟以及从列国聚集的民众，以及他们在土地中心囤积的、富饶的牲口和物资。（Ezek，38-39，新国际译本）

尽管《圣经》中提到的歌革和马戈的次数相对较少，但它们塑造了神学辩论、中世纪传说和世界末日文学。虽然歌革和马戈被解释为掠夺性的敌对军队，但他们与撒旦的军队是同盟关系（Ahroni，1977）。在当代的语境中，它们也可以用来形容目前中东的持续地缘冲突。

人们以及他们的土地之间的纠葛在许多不同的故事中产生了共鸣，这些故事都与身份以及对土地的占据有关——从安提奥斯传说（legend of Antaios），这位利比亚巨人曾强迫旅行者们在摔跤比赛中与他竞争，每次被扔到地上，他都变得更加强壮，到传说中吸血鬼需要带着埋葬在棺材里的土壤才能进行迁移，以及航天员所经历的总观效应，指的是与地球分离的人会体验到与地球紧密相连的强烈感觉。

布鲁诺·拉图尔（Bruno Latour）的《环境之歌》（*environmental Gog and Magog*）则承载了他提出的固土主义（Earthbound）的想法——一个有生态意识的（未来的）人类族群，对抗着人类世界的灭绝场景——也是借鉴了居民和他们的土地之间的不可分割性作为建立一个新的生态时代的关键（Latour，2013）。工业时代的现代人通过净化一片土地从而将在其上居住的人和地的长期关系强行劈开并抹除它的历史背景，并通过机器、工厂和先进（数字）技术的话题，持续不断地让人类偏离地球的本质。在环境自身受到威胁的情况下，布鲁诺·拉图尔（Bruno Latour）将自然（Gaia）定义为一个能够体现现代与固土主义冲突的一个角色。因此，在世界舞台上，关于在这一过渡期间可能发生的一连串事件背后的原因，出现了模棱两可的情况。这为世界未来的人们（人类对地球）和自然之间的一场戏剧性的意志之战设置了场景，这场战争将建立一个有可能篡夺现代性的替代性全球秩序（Blake，2013）。

为了与生活在地球上的史诗般的叙事及其与土壤的亲密关系保持一致，柔性活体建筑将采用较为积极的态度，重新建立身体和环境之间相互依存的关系，这是生命延续的基础。虽然它不否认目前和正在发生的环境灾难，但它的伦理立场是从一个批判性的角度去为人类和地球的福利而设计的。这将会是一套小范围可能性的探索，而不是专注于预防所有可能出现问题的事项——因为，在这个动荡的年代，很多事情已经出现了问题。世界上所有的分析加起来，都不可能把我们脑海中认为的，属于我们记忆中的理想地球重新再找回来。

我们现在都玩完了，重要的问题是我们如何应对现有的灾难?

尽管斯拉沃伊·日泽克（Slavoj Žižek）呼吁大家去发掘垃圾的美观可能性（Žižek，2011，p. 35），蒂莫西·莫顿（Timothy Morton）提出我们应该用新陈代谢来设计，以产生"直接的环境形象"（Morton，2007，p. 150），但柔性活体建筑却对土壤有了不同的，能够作为一种产生巴别苍穹/生态圈的力量。然而，它并没有提出，在全球旅行的时代，人们不是被局限于特定的地理位置、栖息地或生态位（地面的扁平几何形状），而是强调了同一地方的多种居住方式。的确，柔性活体建筑提出的是，要想确认一个可行环境的检验标准是，养活生态系统和人类的土壤是否足够好——能否可以在不进行大量修改的前提下，供建筑直接"食用"。

就在那一年，创始人从口袋里掏出一把长勺子，扎进土里，舀了一勺泥土有机物放进嘴里。他静静地咀嚼了一小会儿然后将泥土吐回到地面上。

苦的!

而在我们离开岛屿的时候，他还信誓旦旦地向我们保证，这泥土的味道会像魔法一般（Armstrong and Hughes，2016a）

7.7　声音漫步

　　声音其实也是城市核心特质的一部分，它揭示了城市与自然界无形的关系，它们本来就存在却被城市环境所压抑——直到它们被聆听。蕴含在我们城市景观之中的平行世界，可以借助在一条让人感到有趣的路径上，通过录音的形式作为媒介将它们进行捕获。通过合适的麦克风，如此一类的技术甚至可以延伸到土壤的平行世界当中，通过柔性活体的振动对它们进行感知。

　　一位名叫西尔维娅（Sylvia）的大约90岁的聋哑老妇人，经常会花整天的时间推着一辆手推车并用杠杆推着一个装在手提箱里的大型乐器在起伏的桥上行走。一开始，她看上去似乎是交响乐团的成员，有可能是一名大号手，但当她将巨大的装置从箱子里取出来时，却并没有在地上放帽子、盒子去收集钱币。这是一副很好的铜管乐器，但它的管是直的——类似于迪吉里多，而不像大部分交响乐演奏团乐器是弯的。这副乐器没有音键，没有覆盖手指的孔，可以看出，其本来的目的与预期效果就如同一台以扩音器的风格制造的仪器一般。然而，却没有一个把手帮助她去传播她的信息，因为她并不会对着仪器发声。她只是通过这个仪器去听。

　　当她把这个手工制作的乐器放置在地上，这个乐器就变成了她的感知领域，而她则如同一只黑鸟一般静静地站在那儿，维持着单脚站立的姿势，她扁平的手掌紧贴着仪器的周边，聆听这个城市的石头发出的声音。另外再加上地面上巨大的铜管喇叭，她精神抖擞，感知完全打开——像一把具有自身灵智的调音叉。游荡的声音在城市的内部产生共鸣，并通过地面传给仪器，然后进入到仪器当中，然后被放大并倾注她身体的每一寸骨骼当中。每一首交响曲都像是一抹心跳，它们将脉动和活力注入她的肉体当中，并延续着她的每一寸光阴。它们的振荡如同人造器官一样被移植到她的身体当中。

　　潺潺的潟湖水、嘶嘶作响的排水沟、吠叫的狗、地下密室的秘密、饱受折磨的幽灵、老鼠的巢穴、生物膜的对话、相互渗透的对话、具有领土意识的鸭子、正在崩裂开的砂浆、缓和的池水、残酷的流言蜚语、过去的真相、摧毁性的风华、尖叫的海鸥、咕噜咕噜的水渠（gatoli）、盘旋的蠕虫、翻腾的水流、硫磺般的粪便、嘶嘶作响的煤气管道、蒸腾的光纤、不可告人的会面、崩碎的混凝土和被抑制的土壤。

　　随着路过的行人扔来一些硬币，她把这些小触动都收纳到自己的意识当中，而当时间流逝的声音就是她再度充满活力时，她转动着这不可思议的装置。他们被她奇特的表演打动了，或者是产生了怜悯；但她并不是在寻觅知音，也并不意图把任何金钱收入囊中。于是，她把零钱倒进一个小男孩的纸杯里，这个小男孩的右脸颊上有一个毛茸茸的胎记，一个多小时来他一直保持着一个可怜的姿势。

然后，她闭起她的嘴唇，对着风吹着口哨说着什么，继续拖动着她的生命支撑系统在一个弯曲的桥上颠簸着走远了。

7.8　地与民

工业化时代真的非常缺乏对于环境变化的应对策略，如果真要说有的话，那就是逐渐增大的保护心理，以及对可持续性的关注，而所谓的"可持续性"不过是绞尽脑汁地去维持现状而已。传统的建筑设计中对于政治方面以及社会层面的回应是具有积极意义的，帮助社群去适应劫后的各种疑难，而不是在动荡以及冲突的时期进行强行干预。事实上，采取被动地保持现状的方式的确更加符合自然的规律，因为当给予足够的时间后，地上的伤痕以及社群的心脏都终究会愈合。

1783年的火山爆发被视为冰岛乃至整个世界历史格局的重要组成部分。这一事件和由此产生的景观表明，地球的历史在不断地迭代和重复，可以观察到的是，这些事件往往不限于某种特定的灾难比如洪水，而是很多不断更新和崩塌事件的一次次轮回。新的熔岩场和改变了的冰岛地貌景观代表了整个地球的历史，冰岛是一个可供观察的场地，在这里，观察者可以看到在地球其他地方看不到的地域风貌变化过程，尽管这些现象本身都非常清晰，但每一次发生的过程却是独一无二的。相反，这座小岛之所以重要，不是因为它是独一无二的，而是因为可以用它的过程来反推地球的周期性历史。（Cronon and Oslund，2011，pp. 44-5）

全球变暖的影响不仅是对世界秩序的周期性干扰；它们会形成持续性的干扰，不断地脱离以往的秩序系统。当险恶的地形、极端的天气夺走人民的生命，破坏人们的生活时，我们需要的远远不止是建筑的维护来恢复灾难前的状态——对建筑的特征和作用的重新评估真是迫在眉睫。然而，灵活的居住模式并不能减轻痛苦或破坏，而是有可能使人们具备适应能力以应对严峻的压力，找到能够应对长期全球挑战的方法。

现代城市面临的最大挑战之一是，由于山洪暴发和海平面上升，世界将变得更加的"潮湿"。许多城市是围绕着水体、三角洲或海岸线建立起来的。然而，当代建筑并不是为潮湿的环境而设计的，也不是为了增进建筑底部根基的生命。它的设计是为了支持我们建筑物的机器的运行，但是干燥的环境可能并不一定是最有效的方式。目前，"蓝色"建筑已经可以将渗透性运用在与水体交接的建筑物结构中，比如悉尼港的海堤。随着潮水涨起，海浪溅到人行道和草地上，形成一个大水洼，然后又会被排出并随潮汐而离去。在这些墙体的空间里，海洋生物找到了牵引力，并沿着海岸线建立了繁荣的岩石池。这将进一步增强抵御潮汐侵蚀的能力，并能够对抗与海堤系统相关的野生动物的损失。当生活在海岸或河漫滩上时，水位的上升高度与水位上升的速率相比起来，反而是无关紧要的问题。如果水位缓慢上升，人们就有机会修建人行道、道路和建筑物，采取防卫措施，修建海堤。这个过程可能麻烦却是可行的。

设计不当的社会、经济和政治制度对社区福利的损害与自然灾害的实际影响一样严重。在洪水区域的比如新奥尔良，它低洼的土地使这座城市成为世界上受气候变化威胁最大的地方之一，而它的保险制度却用昂贵的价格将人们驱赶出自己的家。更重要的是，正如大多数人在卡特里娜飓风（Hurricane Katrina）后了解到的那样，作为美国第二贵的保险，房主保险的赔付范围却不包括洪水造成的任何损失，因此业主还需要额外去购买另外一套国家洪水保险计划政策支持的洪水险去提供最基本的防洪保险。这些政策中的大多数都将支持修复现有结构和生活方式，确保人们在洪水发生时更加安全，但却不能在这些地区创造新的生活方式。

尤其是在首先安装了防止洪水发生的基础设施时，社区就能找到更多非正式的方式继续住在自己的家里，而不是成为街道上的流浪者。然而，这需要承认一个比个人政策更大的问题，并且需要以城市规模的方式进行集体投资，从而把人放在首位，而不是利润率。尽管每个人在应对挑战性条件方面都有不同的门槛，但集体开垦土地的伟大工程其实是可以实现的，不过这需要协调一致和持续的投资。

在荷兰，四分之一的土地和五分之一的人口都住在海平线以下。荷兰与水域环境的正式关系可以追溯到1421年圣伊丽莎白（St Elizabeth）的洪水，当时在泽兰和荷兰有1万人死亡，还有就是最近的1953年北海洪水。而这些灾难却成为政府投资防浪堤、水坝、堤坝和运河的催化剂。事实上，荷兰正与新奥尔良合作展开"与水共生"的项目，这个项目倡导的理念是市民与水建立更加亲密的联系。新奥尔良大部分地区已经低于海平面，虽然有水阀、防洪堤坝和海堤系统的保护，但仍然极易受到环境事件的影响。2005年8月下旬袭击该市的卡特里娜飓风造成了6米高的风暴潮，淹没了该市约80%的地区，造成

1800多人死亡。根据总的统计，本次飓风造成了超过750亿美元的损失，超过10万人无家可归。更悲哀的是，最贫穷的社群遭到了最猛烈的轰击，而他们则成了第一波美国的气候难民。虽然地区计划正在制定中，人们试图通过建设天然洪泛平原来保护城市，并在博涅湖（Lake Borgne）修建价值150亿美元的涌浪屏障，但是这一高度是根据目前的海平面确定的，而随着21世纪的环境变化，风险只可能变得更高。在世纪末以前，海平面以及被吞没的地面高度将上升至少1.2米（Loria，2015），而最高甚至有可能达到3.7米之多（NOAA，2017）。即使拥有荷兰人的已有智慧，新奥尔良对未来的投资可能还是太少了，也已经太晚了。可以确定的是，防浪墙并不能解决所有的问题，因为它的保护性湿地正在因工业发展而消失，并且需要大量投资来扭转环境影响。新奥尔良成为美国乃至世界其他地区的一个试验案例——一个如何应对海平面的毁灭性上升的范本，从而决定所谓的水上城市（cities of Canute）到底是否可行？是否有可能在整个定居点都变得不适合居住的情况下，建立一个可占据的根据地（Werman，2013）。深陷在一个具有否定气候变化政策，并因此对社会投资计划热情有限的国家当中，新奥尔良的未来真的让人感到不安。

水位上涨的影响在不同的区域并不相同，与潮湿共存的生活方式也不尽相同。威尼斯高高的浪潮在中世纪是众所周知的。从那时起，这座城市发展了各种方法去应对间歇性洪水或者高水位——即当涨潮超过海洋基线（地理零点）120厘米。这种情况在秋季和春季最为频繁。而最近，水位上升的事件可能发生多达60次一年。而潮汐事件经常会达到海平面以上80~109厘米，甚至发生"非常强烈"的洪水事件在110~140厘米之间。1966年11月，记录在案的高于标准水位的最高潮位为194厘米，此后人们开始成群结队地迁出城市。城市西北部的洪水风险更大，其他因素也增加了洪水风险，包括潟湖的土地沉降以及威尼斯含水层的大量工业活动。尽管1.6万栋房屋的底层已经无法使用，但这座城市并没有被遗弃，事实上，近年来房地产的价格还飙升了不少。

通过开发出融入城市文化的方法，威尼斯也有足够的时间来应对洪水事件带来的挑战。当预测到水位上升的时候整个城市都会响起警报，有关信息也会同步上线可供查阅。同时，酒店也会为游客提供水淹通道周围的地图和指示，交通路线也会适当地改道。人们会穿上防护服，而比较密集的路线则会通过架空起来的廊道网络进行连接。在潮水涨潮的几个小时里，门路的周围都会加高金属防水门，然后所有人都会等待高水位的退去，再回归到正常的生活当中。虽然上升的水位的严重影响可以被精准地控制，但潮湿上升的长期影响需要在持续的城市维护方面投入更多的资金，比如底部的四十层砖每十年都需要更换一次。许多居民甚至都不再装修维护他们家二层以下的部分，有些甚至把他们一层的庭院改造了私人停泊处。人们也一直在寻求更加正式的城市规模的解决方案，而当前城市正在等待MOSE项目（机电式实验化模块，MOdulo Sperimentale Elettromeccanico）的启动，这个项目在2003年就开始酝酿了（Ravera，2000）。这是一系列由78个水力驱动的闸门所组成的项目，能够支撑3米高的潮水，将有效保护威尼斯一个世纪。事实上，如果海平面的永久性上升一旦超过1米，这将意味着整个意大利的毁灭——而不仅仅是威尼斯（Windsor，2015）。一味地防守性阻拦，可能并不是对这个城市未来的持续性方案。

在1949年，卡洛斯卡帕（Carlo Scarpa）将威尼斯水道纳入了"奎里尼·斯坦帕利亚"（Querini Stampalia）宫较低层的建筑细节中，而此处正是奎里尼·斯坦帕利亚基金会——一个支持威尼斯艺术的组织的所在地。虽然后花园急需维修，但该组织还是设想将该建筑的其余部分做成一个博物馆，里面将藏有一系列不断变化的展品。然而，建筑的底层却不断被洪水淹没，因此不得不放弃将其作为展示的空间。卡洛斯卡帕对城市内水位和人行道的分层做出了回应，并因此建造了一系列抬升地板，通道和悬臂梁，将建筑内部改造成了一个神奇的景观和一个城市的缩影，以适应不稳定的水位（Indursky，2013）。

这种非凡的诗歌和时空编排揭示了我们如何能够更好地生活在陆地上，同时也能拥抱大海，或者一些与我们生活息息相关的其他水体类型。而柔性活体建筑的基本章程就包括为"干渴"的建筑设计相应的结构矩阵，比如，可以吸收水分的泥沼般的地面，吸湿的住宅在接触水分时膨胀，在干燥时再次收缩。然而，没有一个全局性的解决方案能为这个不断变化的世界提供一剂万能的良药。柔性活体建筑所做的其实就是提供了一个扩大版的材料库，其中包括更丰富的设备和技术，它可以把我们带出传统的舒适区，在那里，那些已经失去光泽的空间可以通过与生活基础设施的（重新）接触而转变。

7.9 镜面水洼

从平行世界的角度来看，水体表面的反射似乎是足够坚固并且可以承载我们身体的重量的，同时还可以颠覆我们对湿润环境条件的预期。

当我沿着威尼斯扎特雷（Zattere）码头散步时，我看到了铺路板上的太阳，就像一面大镜子不断地反射出光晕的射线。

我尝试不去理会；只不过是在石头表面的小水洼而已，但我的眼神却无法避免地看到它。这些小水洼非常具有干扰性，把威尼斯哥特式赤陶房屋上的吸管槽窗框，变成了一组香槟酒杯，然后又把圣母玛利亚教堂的三角墙扭曲成了船身一般的影像。如果这还不感到错乱的话，那么还有更惊奇的，就是它还把一个用来张贴谎言的破损大理石盒，转变成为一个承载真理的容器。突然，绚烂的太阳从水坑里升起，强光抹去了我对朱德卡运河的视线。

耀眼的眩光夺目，我沉迷其中。

奇怪的一幕发生了，我就在这儿，依托于我的双臂而站立，整个世界倒转过来并悬挂在我顶上，而太阳则轻蔑地凝视着我的愚蠢。我尝试再次让自己倒转过来，但却发现自己竟然无法与地面回到正常的站立关系。

喊叫似乎没有太多的用处。只有我身体上的味道有明显的信号，如腐烂的素菜一般，而且我也想不到办法如何有效呼救。随着乌云翻滚过天空，它们变得蓬松并越来越暗。第二天早上，一只海鸥长着一只凶狠的眼睛，大而黄的喙，用杏仁剃须刀般的鼻孔朝着一个地方冲了过去，我猜想那大概是一条奇怪的鱼。不幸中的万幸，它无法靠近我。

在过去的日子里，水坑的颜色和亮度多次改变，而很快，我学会了适应这个水洼的世界，双脚朝天，吃着残羹剩饭——一块被吃了一半的意大利三明治、果冻利蒙、长霉的比萨饼以及一个苹果核。并不是很多，但却足够让我维持。

我变得更为大胆，每天通过我的手掌来行走并穿越整个扎特雷码头。我从原始人类祖先的限制中解放出来，我的腿骨逐渐变细而我可以用我的脚来轻敲我的头部，用脚掌摩擦我的肚子，同时我肩上也长出了奇怪的肌腱和血管。很快，手臂行走就带来了疼痛，而我的拇指上长出了老茧。

现在，铺路石之间的缝隙以及无法辨认，我开始怀疑自己是否还有机会回到光明的世界当中。我无精打采地盯着我的脚趾头，不时地把脚踢出去，看看能不能把自己翻回到铺路石上。但这都是徒劳。

然后就这样继续了很多年，我隐匿进了环境当中，连水坑上的油渍可能都比我更引人注目了，而透过这层油渍有的人可能可以看见一只手的形状。

后来，在接下来的四千年里，天气开始变得阴冷，开始下雨，而有一天一个穿着圆点胶靴，拿着粉色雨伞的小女孩用伞柄把我钓了出来。似乎我好像刚刚掉进去一样。

7.10 道格兰：不确定性、预言和近海经验

那些居住在海洋中的人们提供了一种另类的语言以及对海洋的平行视角，从而能够去

审视海洋那广阔且深不见底的奥秘，而只有对这种多变的地形和它的文化的亲身体验才能赋予他们这样的平行视角。

每天晚上，英国广播公司第四广播公司在向世界广播公司（World Service）移交前都会阅读航运预报，直到每天6点再次开始广播：维京、北乌特塞尔、南乌特塞尔、福蒂斯、克罗马蒂、福斯、泰恩、多格、费舍尔、德国湾、亨伯、泰晤士河、多佛、怀特、波特兰、普利茅斯、比斯开、特拉法加、菲茨罗伊、索勒、伦迪、法斯特网，爱尔兰海，香农，马林，赫布里底群岛，贝利岛，费尔岛，法罗群岛和冰岛东南部。这些沿海地区描述了一个液态的地幔，它盘旋在不列颠群岛周围，呼唤着沙岸、河口、岛屿、海岸凹陷、开拓者、城镇、小岛和岬角，用它们动荡的性质来播种我们沉睡的想象力，使我们的梦境被波浪、洋流、漩涡、风暴和不明事件所点缀。而所有这些领域对于住在这片区域的居民来说都是不可见的。

布莱斯（Blyth）曾经是英格兰东北部最繁荣的露天矿和煤炭出口港，站在布莱斯的岸边，深海一直延伸到北欧，向着一片消失的地平线延伸，这是永恒的海市蜃楼。对于陆地居民来说，这片毫无特色的灰色地带是个禁闭之地——也许除了在云层遮蔽的太阳的冷银光下海浪闪闪发光的时刻。然而对于海员来说，不稳定的水域充满了故事和感情，可以像书一样被阅读。

登上纽卡斯尔大学的研究船"皇家公主号"（Princess Royal），这艘船一直都在布莱斯停泊，已经一百多年了。在船长尼尔·阿姆斯特朗（Neil Armstrong）的带领下，屏幕在不同的观看模式中着无形海岸线景观的两岸。虽然深海相对稳定，但近岸——陆地与海洋交界的地方——却险象环生。下面的地层被波浪、滑坡、沙洲隆起、沉船和围绕裸露岩石旋转的漩涡所侵蚀。阿姆斯特朗在这片湿滑的地形上使用了一系列现代控制系统，其中包括大量的测量仪器——温度、压力、流量、振动、电流和深度传感器——而获得的参数则通过仪表、电表、热电偶和电阻温度检测器等机械系统将数据转换为数字数据。总体而言，这艘船的仪器则变成了延伸的眼睛、耳朵以及扩展的肌肤，包裹在船身周围。它们不仅对航行来说是必不可少的，还可以对设备（如提升机）的操作和自动关闭等安全功能进行调节。阿姆斯特朗每天在船舶离开港口时启动他的"数字机械船员"，帮助他观察近岸环境的千变万化的特征，这些多变的环境总是容易吞噬水听器，产生令人惊讶的新海流，激起反常的波浪并改变潮流。在控制甲板上，这些危险以彩色快照的形式清晰地显示在水下地形中。然而，船长知道，尽管他的机器人船员改变了他的工作方式，但机器和计算机容易出错，它们本身并不具备对海洋及其情绪的具体了解。

在水上行走，知道你在哪里并在一定条件下应该做出什么反应，这是一个生死攸关的问题。虽然船上的计算机托管在不同的系统上，但万一其中一个电路发生故障，模拟仪器——磁罗盘、分频器和纸质地图——永远不会远离船长的手边。事实上，法律规定了阿姆斯特朗携带它们。但即使没有不断靠众包绘制的数字地图，他也会利用他毕生对海洋的了解来为这些近海领土导航。通过他祖上的渔民家族传给他的故事——以及他自身作为一个渔民的经验——他就是一个天生植入的导航系统，让人想起一只欧洲知更鸟在微弱的磁场中从非洲飞到欧洲。通过破碎波，他能预知危险的来临，并绘制出水底粗糙和光滑的区域信息，在这些区域，海底由岩石转变为淤泥，或者海流在沉船和沙岸等水下障碍物周围不断涌动。他还知道"荒地"和搅动海底充满狡诈的水流。登上船时，那些像我这样的陆地居住者就会紧紧地抱住船身的水平寄存器从而获得陆地上的平稳安全感，期待着它能安稳地将自己带回家。而船长的眼神却面向大海，通过数字的信息流以及他自身的经验去确认那些隐藏故事的真伪——包括形成这片水域特征的沉船和看不见的景观。

寒风凛冽，我们的鼻子、手指和耳朵只需几分钟就开始结冰，所以我从甲板上走了回来，进入控制室，在那里我可以看到海浪从舒适的安全玻璃后面呼啸而起。船上多个显示屏上出现的水下拓扑结构似乎与庄严的灰色波浪完全不符，我想知道，如果海水被排干，到底能看到什么。水深测量显示由船上的声呐不断刷新，可以在多个比例尺下工作，也可以获取由GPS为媒介的该区域其他船只的"思维导图"提供的集体数据。就好像从山顶上看，当北海延伸到一个相对较浅的陡崖斜坡时，就可以看到它们五颜六色的深度轮廓，陡崖的缓坡区域平均距离北欧地区25~100米，然后就会再次急剧上升成为欧洲北部的特色陆地。

直到大约5500年前，这块冰封的"道格兰"（Doggerland）还是一块巨大的陆地，猛犸象和驯鹿在这里漫游。它是以"Dogger sandbank"命名的，这里是北海浅水区的一个生产性捕鱼区，最早由荷兰17世纪一艘用于拖网捕捞鳕鱼的"道格"（Dogger）渔船所发现。它从苏格兰北部延伸到丹麦，一直延伸到海峡群岛。对我们今天的大多数人来说，"Dogger"只不过是奇怪名字而已，当我们在全球播报的哔哔声中入睡时，它会出现在航运预报上。然而在其最活跃的时期，道格兰是数万中石器时代民族的家园，他们在拥有低洼潟湖、沼泽、泥滩和海滩的丰富狩猎场中繁衍生息。这些曾经被认为是欧洲"真正的心脏地带"，但在上一次冰河时代末期（距今18000年~5500年之间），这些土地被冰川和冰原锁住的水慢慢淹没了。但是，一些定居者适应成为渔民，并熟练掌握海上生活。海岸线越来越远，水位的急剧变化意味着，即使是这些创造性的生活方式也变得不可持续。雪上加霜的是，这种地缘变化的剧烈程度也使那些即便了解祖先土地情绪的长者，他们的智慧甚至变得跟不上时代了。由于与他们祖先的狩猎场、渔场和埋葬地的长期的分离，道格兰的人经历了极度与世隔绝的状态，而当他们试图（重新）建立自己时，他们遇到了越来越多的对他们领土的敌意（Spinney，2012）。大约6000年前，挪威海床架上发生了三次灾难性的滑坡后，道格兰最终漂入了北海当中，同时脱落的还有其周围的沉积物，体积相当于冰岛的质量，一起坠入大海造成灾难性海啸。

在许多年月中，只能根据渔民从北海各地挖出的骨头和驯鹿角中推断出这片失地的存在。在过去几年里，石油公司与圣安德鲁斯、阿伯丁、伯明翰、邓迪和威尔士三一圣大卫大学等大学合作，收集了海底深处发现的火石等数据和文物，试图重新恢复道格兰原先可能的面貌。这个古老的遗址讲述了它因气候变化而形成的戏剧性的过去，我们还没有发现道格兰的人民是如何处理洪水地区和沿海地区不断上涨的水的。尽管现代技术的精确性使我们能够看到海底看不见的地形，并为我们当代对沿海地区的理解带来了新的见解，但非常重要的是，潜藏在这片土地中的远古智慧不应该被忘却。

随着我们对道格兰的了解越来越多，我们发现其实石器时代的定居者所面临的气候变化与我们自己的情况相似，他们最终被不断上升的洪水吞没了他们的低洼定居点并造成了大规模流离失所，迫使他们离开了家园。如果极地冰盖继续以今天的速度融化，那么今天生活在离海岸线60公里（约37英里）范围内的数十亿人可能会受到影响，类似于当年道格兰社会所面临的情况一样。或许，在重获它们的历史和从这些沉入的空间构建平行未来的过程中，我们可能会找到如何能够在高度不稳定的土地上繁衍生息的方法。

今天，我们郑重地谈论我们沿海地区的未来，并描述海平面上升对其不可避免的破坏。然而，我们似乎依然无法找到相比几千年前更好的能够在这些地区进行居住的方法。随着全球城市化的趋势，人口流动受到更多限制，我们已经形成某种固化思维，那就是将边界视为永久性结构。然而，如果我们真的能够找到办法去处理好与定居点的临时性，以及与这些区域有关的全球气候的不稳定性之间的关系，那么或许我们就能够找到某种平行的生息繁衍模式。在这种模式中，对被动阻隔的依赖将更少，而更多的则是通过狩猎采集来追踪他们的食物来源，从而找到庇护所。虽然有些人显然在当时的欧洲中心地带遭受的自然灾害中丧生，但他们中有足够多的人幸存下来，成为我们今天所认识的许多民族。这与所有现代公约背道而驰，这些公约试图建立障碍去阻挡我们的暗淡蓝点（pale blue dot）以及它背后所能实现的无情和巨大的转变。无论我们决定采取何种方式应对目前的全球规模性挑战，古代人民过去的经验必须提醒我们，对气候变化采取消极态度不是一个好的解决办法。我们必须积极主动地决定我们的生活方式，从而避免成为另一个在历史中沉沦并被遗忘的文明，最终只能在人民遗留的文物和化石中找到曾经存在过的痕迹。

7.11　巴别吊灯

爱因斯坦曾提出，量子领域是一个平行的现实，它改变了一切，除了我们思维方式。虽然它的特性已经在实验中被证实，但目前，我们也只能继续通过一个熟悉的经典角度来凝视和观察这个世界——或许，唯一例外是当我们涉及光的领域。

在道格（Doge）的光子之城，量子群落萦绕在慕拉诺岛玻璃吊灯的结块钟乳石上，在最奇怪的时候随机迸发出淡紫色的形状。兴奋的小家伙爬到了灯具的顶部，同时也像跳跃的豆子一样在走廊里的抛光地板饰面上跳跃。而年纪大一些的则无法决定他们想先研究哪些杰作，因此在壁画上分成平行的游客流，环绕着这个可能存在也可能不存在的世界。透过玻璃棱镜框架，年长的微粒像面粉袋一样扑通扑通地倒在地上，他们已经看到了所有可能发生的事情，而小颗粒们则尖叫着寻求关注。在波斯祈祷地毯下穿行，古老的光子优雅地点着头，同时将地板上那些正在成花纹图案旋转的无质量小光子召集。当火焰夕阳灼烧瓶底的窗棂时，古老的光粒子则和光束融合在一起。突然间，它们进入了更具活力的轨道，并因此振作了起来，它们鼓励地朝自己逐渐老化的后代挥手，召唤后代们和它们一起滴在地毯上，而这些后代们无法确定自己将要面临的同时被创造和毁灭的过程到底会是什么样的感受。

7.12　对应宇宙

并非所有的现象都能被完全解读或合理化。发明语言的权利并不只属于人类。事实上，如果我们愿意去寻找，就会在环境中存发现那些不可重复的符号的迭代。对我们来说，它们的含义和意义很大程度上都是靠推测从而想象出来的，尽管它们产生的模式表明，它们是通过一套拥有基本秩序编码的规则产生的，而这套规则是来自于平行世界。

这种对"从粒子到星系"所有规模的节奏分析具有跨学科的特点。它给自己定的其中一个目标就是尽可能少地分离科学和诗意。（Lefebvre，2013，p. 87）

　　在罗伯特·劳森伯格基金会的房产居住的一个月里，我探索了基金会领地每日丰富的变化，主要包括椰子种子是如何传播的，鱼鹰盘旋在松岛上的方式，以及木匠蚁啃食海葡萄树心的力度。

　　夜晚时分，标志性的"叮当"达令鱼屋周围的海水表面十分静谧，而由于水面实在过于波澜不惊，可以清晰地看到倒映在水面上的夜空。月亮和金星在水面上书写着它们各自的光质，它们的对应关系在潮汐中被调控。月球像喷枪一样产生柔和的边缘痕迹（图7.4），而金星，由于离得很远，只能在水表面上涂鸦。这些罗塞塔石头是上天的文献，分享了历代的智慧和他们对我们星球的观察，尽管他们仍然没有被破译。

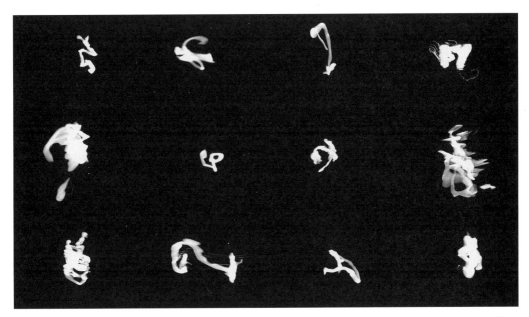

图7.4　月亮留痕：一轮渐亏的半月在鱼屋周围的海湾表面上照映着。照片由雷切尔·阿姆斯特朗提供，由艾普尔·罗德米尔（April Rodmyre）进行数字编辑：佛罗里达州，卡普里瓦，罗伯特·劳森伯格基金会，2016年5月

项目

活体建筑项目就是一个新兴的、现实
世界的、柔性活体建筑的例子。在这
一章，它伴随着一系列基于现实世界
原型和平行世界的提案，其中许多提
案都是通过威尼斯的城市肌理作为范
本进行考量的。这些概念的范围和广
度共同表明，柔性活体建筑不仅超越
了传统建筑的界限，比如将地表转化
成为人工岛屿，它甚至有可能促进社
会和文化的彻底变革。

8.1 活体建筑项目

　　传统的观念中，建筑结构在环境中被视为是独立的，而其结构则是与自然中的流动因素呈相互竞争的关系。结构被视为是永久性的，而流动是不断变化的。活体建筑项目则意在通过利用生物体的新陈代谢来开发一系列模块化的单元或者说"活体"砖，从而解决这一矛盾。[①]具体来说，它通过开发可以将流动元素和永久性结构进行结合的、可供建造使用的单元，来响应生命世界的动态性质。能够实现这一目标的根本技术进步在于模块化单元的设计，我们需要让每一个单元都用生物细胞的方式进行工作，而不是像传统的建筑中机械化的元素一样。因此柔性活体建筑的未来目标是成为新一代的、具有选择性的生物反应器单元的组合，而这些单元则有能力去从阳光、废水和空气中提取有价值的资源，并进一步将它们转化成氧气，蛋白以及生物质。作为一个位于家庭厨房中的独立隔板，用于提高家庭资源的利用率，它的生物反应器构件（详见第8.1.1，第8.1.2和第8.1.3章）正在被开发成标准化的建筑模块或"砖块"。活体建筑可利用好氧光生物反应器和厌氧微生物燃料电池（MFC）技术，组合成一个单一有序的混合生物反应器系统。具体的生化转化原理则是基于"闭环"系统的理念，其中一个系统的输出将成为下一个系统的原料，并将协同工作，来净化废水、产生氧气、提供电力和产生可供使用的生物质（比如肥料）。

---

① 在授予协议编号686585的条约执行中，活体建筑项目收到了来自于欧盟地平线2020研究与创新计划320万欧元的经费支助。这是一次多方的专家协同合作，包括英国纽卡斯尔大学，英格兰西部（UWE布里斯托），意大利特伦托，马德里西班牙国家研究委员会、奥地利维也纳LIQUIFER系统集团和意大利威尼斯Explora组织。合作工作从2016年开始并一直持续到了2019年4月份（活体建筑，2016）。

8.1.1 微生物燃料电池

MFC是用于活体建筑项目中特定的厌氧生物反应器，被用作生物电化学设备或作为支撑系统运行的"活电池"。MFC利用微生物的代谢过程作为生物催化剂，将有机物（通常是残渣）的化学能转化为电能，而这些微生物会在原地自发形成生物膜。电池由阴极和阳极这两个隔间组成，两个隔间又被质子交换膜隔开。在阳极室中，细菌将有机物厌氧氧化并释放电子，而电子提供电流和质子，质子在溶液中呈酸性。电子通过一个外部电路收集并提供电力，而产生的质子则会流过薄膜，与氧气反应生成淡水。

8.1.2 光合反应器

一系列微生物将二氧化碳和阳光进行转化从而产生生物质。活体建筑项目使用不同种类的藻类，这些藻类是水生光合生物作为新陈代谢的"主力军"（workhorse）。它们可以在MFC的阴极室中茁壮成长，形成一个好氧生物反应器组件，从而促进MFC内的发电。

8.1.3 合成生物学反应器

在已经建立的生物反应器技术之上，项目还开发了一个转基因联合体与未被改变过的MFC系统共同运作，但运作时两者是相对独立的。该模块提供了系统的代谢可编程性——一个"新陈代谢的应用程序"，在这个应用程序中，MFC阳极经过表面处理后可以产生非常特殊的物质。合成联合体（synthetic consortia）由两种类型的模块组成。第一种是以蓝藻为基础的"农场"模块，有点类似于糖，它可以向劳动模块提供碳的能量形式。第二种是基于细菌异养的劳动模块，可以执行特定的生物技术功能，类似于从洗涤剂中回收磷酸盐的模式。当把它们组合在一个可编程的"主力军"菌种群中，如大肠杆菌和恶臭假单胞菌，这些操作构成了一个代谢应用。农场和劳动模块类型都适用于代谢工程的系统。

8.1.4 集成与使用

这三种模块单元的物种可以被结合，甚至可以相互进行集成（图8.1），每一个生物反应器系统均可以被开发成系统中的一个"积木"或"砖块"，可以被整合到家庭、办公室

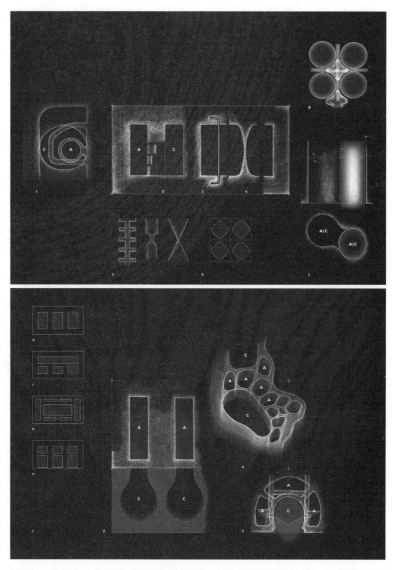

图8.1　多种类生物反应器设计或者说用于建造"活体建筑"的"砖模块"。图
纸由西蒙·费拉西娜提供，2017年1月

和公共建筑中。这些结构中的传感器阵列系统还可以检测内部和外部环境因素，并因此与
生物反应器一起工作，优化我们生活空间的环境性能。通过化学的、物理的、生物的、机
械的、甚至数字（通过电）的方式与生活世界进行"对话"，活体建筑的仪器甚至有可能
带来巨大的改变——改变那些原本要通过可持续性和资源管理方案才能实现的目标。[①]此
项目还在开发中，但它极有可能从废水中回收磷酸盐、去除污染物、生产生物肥料或制造

① 健康与安全事项是这些考量的首要因素。

新型环保肥皂，而这些仅仅只是利用二氧化碳和阳光就可以做到。尽管这些结果还没有被实验证实，但理论上，他们是现实的产出，也是探索实现城市与自然界之间道德和更多共生关系的必要条件。

8.2 砖的分化

惰性材料主张抵抗自然界，并无限期地维护它们自身和我们的完整性。如果建筑的躯体是不朽的，那么我们的身体肯定也可以。然而，就连约翰·罗斯金也注意到马特洪峰（Matterhorn）是会风化的（Ruskin，1989）。如果由石头自然形成的、如此巨大的自然结构也能被腐化，那么建筑肯定也会。

砖块是传统建筑中结构系统的模块化设计单元，它是由刚性和惰性材料制成的，这些材料会形成一个框架，而在其周围可以连接墙壁；外立面以及内部环境都可以逐层被叠加到这个框架之上。组成砖的原料来自黏土，黏土通过烧制被剥夺了其内在固有的生命力（黏土本身的代码）成为陶瓷。砖被剥夺了自身最基本的材料灵活性，还被编程配置成各种尺寸和规格，并根据建筑的规则需要进行部署和调整。

通过对考虑生物细胞的部署方式，可以开发出模块化单元、建造和应用的平行组合。这些是1665年由罗伯特·胡克（Robert Hooke）所发现的有机系统"砖块"，当时他是在显微镜下观察一块木栓。他注意到取景器里的盒子状结构让人想起僧侣们住过的简陋的小房间，他称它们为"细胞"（cells）。常规细胞的设计是为了隔离房间和外修道院的公共生活和公共空间，这种个体"生命单位"和结构模块之间的联系提供了一个机械单位，以此为基础，生物系统可以被理解为一个层级化组织的系统，而这个系统则是通过某种中心化的形式进行控制的。

在有机领域，细胞被选择性渗透的膜所包围，这些渗透膜可以通过通道和孔隙调节物质内外空间之间的流动。这些"看门人"能够有效保证资源的交换并清除生命不需要的废物。同时，这些边界的监视工作则是由（免疫）系统提供的，它们具有中和及摧毁入侵者的能力。细胞的分化程度和异质性各不相同，细胞具有高度卷曲的表面，用来优化这些交换过程，而细胞的表面可能有绒毛、毛发、内陷、褶皱和小管。有时，这些结构位于脉动空间内，可以使物质在其腔内流动。

在一个生态时代，将砖头或者它的扩散作为一堵墙的想法——甚至一个像MOSE那么大的，号称可以阻挡潮汐的大门——不仅面对地球级别的变迁显得无比的苍白无力，而且将它们的被动防御特性使用在一个充满流体的、不断变化的世界（World of flux）中，其实是一种资源的错配。极端天气和人口流动对惰性材料的适当性提出了挑战，因为作为一种媒介它其实是在不断破坏环境。在一个平行的世界里，通过赋予基本建筑元素以生命系统的某些特性，障碍可能会被转化为更灵敏和更有弹性的系统。砖块不再是非活跃性材料的部件，而是可以更像生物细胞去改变一个场地的化学性质，改变它们的构成，甚至修改建筑规则中的社会和文化编码。

每一个故事［在奥尔加·托卡楚克（Olga Tokarczuk）的《日之屋，夜之屋》（*House of Day, House of Night*）当中］都代表着一块砖头，它们相互交错，展现出一座巨大的遗迹——一座被遗忘的小镇。由此而获得的信息是，任何地方的历史——无论多么卑微——都具有无限的可能，通过描述和挖掘一段生活、一个房子，或者一个街区的根源，观察者都可以看到所有的联系，不仅与自身和自己的梦想，而且与整个宇宙中的一切。（西北大学出版社，2017）

8.2.1　柔性砖

在一个平行世界中，砖头并不是由惰性材料（inert material）所构成的，而是类似于细胞一般，作为柔性活体建筑的模块出现的。

纤维素表皮中凸起的球状体在胚胎分化过程中互相挤压。它们在生长素的促进下，同时运行发育程序，加速幼苗的成长发育。随着每一个成熟的容器把尖尖的花茎射入芬芳的土壤中，它们都会发出叹息。把"腐烂的尸体"收集起来做水果派，孩子们想知道为什么苹果总是在落地的过程中会转向。

一系列能够协调了流动和新陈代谢的、具有丰富且灵活形态的柔性砖块被设计出来，并用于玄武纪（Hylozoic）地面装置的搭建。在2010年与菲利普·比斯利（Philip Beesley）合作第十二届威尼斯建筑双年展时，这些软性砖块在加拿大馆展出，而菲利普·比斯利则是当时加拿大滑铁卢大学的生活建筑系统小组的领导人。柔性砖被悬浮在玄武纪之地半活体的控制论"丛林"装置之中，整个装置则可以被理解为某种代谢活跃、反应灵敏的化学系统，其中还包括原生质细胞烧瓶、列塞冈环小花（Liesegang ring florets）、莱杜克细胞（Leduc cells）、特劳伯细胞（Traube cells）和吸湿性液体（Amstrong，2015）。每个物种都有特定的物质转化能力：比如，列塞冈环可以产生不断演变的带状图案，而莱杜克细胞则可以在溶解二氧化碳的作用下变得矿化。游览者可以站在这个充满相互关联的悬挂物所组成的系统底部，清晰地看见柔性砖的各种高亮度彩色生成品。

比斯利的装置实际上被赋予了各类的生物功能，比如消化、呼吸和代谢活动，从某种意义上来说，它其实重温了沃坎森鸭子（Vaucanson's duck）和其他18世纪自动装置的概念。它不仅能够感知和行动（类似于可进行交际的机器人），甚至可以通过与不断变化的环境之间进行化学的相互作用，它似乎重塑了那些构成细胞体基本功能的化学过程。（Yiannoudes，2016，pp. 108–9）

8.2.2　胚砖

在一个平行世界当中，柔性活体建筑设立了灵活的规则，并通过这套规则，在一个化学与代谢事件的网络中去影响一个建筑或一个场地的特性。这些事件与暗凝胶实验中观察到复杂的组织过程产生了共鸣（详见图6.1和第6.9章）。

发育中的孵化器会消耗自身的卵黄（yolk），并逐渐增加密度，进而呈现出手指、爪子、色素细胞、翅膀、各种附属物、模糊的器官系统、雏形的脸等形态。它的本体并不重述该发育过程，而是不断的协助它完成发育。半透明的身体带着黏稠的假笑打着哈欠，血液充斥着它跳动的真空，越过了"其他"的物质法则，这些法则将它束缚在功效、结构和属性的话语中。新陈代谢旺盛，它的肌肉纹路随着脂肪的分解而起伏。然后，陷入黏浆的时间中，它的行动缓慢，在膜破裂前停顿然后这个生物被驱逐到一个充满敌意的世界。蜕变的内脏重新排列并突破新形成的表皮，向各个方向扩展它们的生长。这个由各种物体拧在一起所形成的砖，其物质属性被极大地改变，并利用一切机会来维持自身的生命。

8.2.3　七鳃鳗鞋：血库

并不是所有的建筑生命模块都是无私的：有些是机会主义的或是自私的。

在白天，带刺的鞋子用钩子夹住脚，并反向直指足底动脉。每走一步血液都会倾洒到它们身上，重力将把这些粘稠的栗色液体运送至鞋跟，进入一个富含抗凝剂的贮液器——这只是寄生鞋的残酷目标之一，自由和移动的代价就是受到折磨。在晚上，脚蹬倒钩的鞋子被脱下并放置为墙的形状——一只鞋在另外一只上面，然后挨着另一只。在它们的睡梦中，不朽的老一代们从年轻的鞋子中榨取新鲜的血液。

8.3　程序化砖

威尼斯建筑的砌块具有天然的可编程性，这种可编程性则是同时在充满自然元素的潟湖系统、每个砖块个体的类型以及海洋野生动物之间进行演绎。

威尼斯最早的洪水记录可以追溯到6世纪（详见第7.8章），也就是1966年的11月达到了峰值，随着水位高抬并冲破了伊斯特拉石面的肌理，对于城市来说这是结构性问题。而这意味着盐水将通过毛细作用被吸入多空的砖面肌理当中。破坏与逐步上升的湿度以及盐化度，或者说盐度上升有关，同时形成可以进入砖砌体并扩展成风化的、开花的亚馨花的矿物结晶。结晶过程形成的物理力量会使砖块破碎并会除去保护性的灰泥层。维护受影响的建筑物将是个较大的问题，因为盐水的破坏影响了整个城市，所以维修不仅成本高昂，而且会导致结构突然倒塌。这一过程带来的伤害程度可以通过观察建筑物上裸露的砖砌数量一目了然地评估，因为这些砖面上本来应该涂有水泥保护层的。本地的建筑师和建设者可以读懂这些变化，并采取适当的策略来应对，其中包括铺设不透水的塑料薄膜和安装大理石板。

随着时间的推移，威尼斯砖的耐候性会有所不同，这取决于它们的制作时间和方式。古代的砖是用当地的泥土制成，并用当地的窑炉烧制而成。它们柔软、多孔的结构导致边缘会温和地磨损，这样即便在腐化的过程中，依然能够承受重力。近代以来，具有规则的几何形状和防水材料的高度加工砖已经取代了它们。尽管这种现代的砖更为坚硬，但它们抵御天气腐化的方式也截然不同。当受损后，它们将会形成大量裂缝如同鳞片一样脱落，而这会损害它们承受重量的能力，因此它们比起远古砖来说更加需要频繁的更换。

砖砌体的砂浆暴露无遗，这不仅仅是因为盐水不断地渗透到砖砌体之中，还有凛冽的盛行风作用。它们啃噬着砖砌体中的微小空洞和不规则坑洼处，敲打边缘并将粗糙表面打磨至抛光。砖块松动，盐分从砂浆上脱落，吸收水分，然后很快就被风蒸发了。这些元素共同创造了一个城市规模的蒸腾作用与循环，这种循环迅速侵蚀了砖砌体。

这是一场活体的歌剧编排，生物领域在其中发挥了它的重要作用。生物污渍跟着不断攀升的水分进入到砖砌体中，并在这些其内部的结构中找到附着物和养分。它们在这里建立了垂直的花园，或者说是一系列由藻类、细菌、苔藓、盐晶体和地衣组成的微型地貌，并在壮大自身的同时不断损坏墙体结构的完整性。

建筑的维护不会长久维持干燥，由于盐水无情地冲刷，砖石也因此在原地发生变形——墙体的构成从纯泥变成了一部分盐和一部分泥土。一个城市规模的自然计算机运算正在运作，为进一步的侵蚀、增生、沉积和变形提供新的场地，当砖块就像土壤层一样相互溶化时，有时毒蜘蛛（Segestria florentina spiders）会在那里筑巢。威尼斯地面层的周期性破碎导致工人需要周期性地用砖石工具拆除和更换。每隔10年，前30~40层砌砖都需要更换。驳船上装满了旧砖块碎片，而新的船会载着新的承重结构，这样将使结构上的缺陷至少可以再稳定10年，然后再重新开始循环。

砖石的生命周期期间不可避免地会将一些砖块碎片喷入水道，它们被冲上违禁的海岸线上。在这里，它们会形成新的海滩，一个被海浪不断冲刷的海滩。砖块、石头和自然之间的新联盟出现了，但非常诡异的是，海洋生态学对此进行了极其详细的描述——有钙质蠕虫沉积物、牡蛎壳的外生物和玻璃碎片，它们被海水混凝土和砖块熔合。灵活施工协议的涌现使得并不是建筑的每一个决策，尤其是涉及每块砖的层面都需要建筑师或建筑工人的参与。

这些不同的修改协议——自然的元素、结构的组成、生物的渗透——都是高度取决于场地与环境的，它们其实也可以被纳入到设计的规则当中。比如，其实可以考虑战略性地破坏表面或侵蚀砌砖层，以引发特定结果。通过配置砖的特性和排列方式，甚至可以实现不同类型的建筑程序，并形成有助于在潮湿建筑生长的环境。最终，通过策略性地放置砖块和其他（吸湿性）材料，以不同的方式引导水，动态的场地就可能被建造。威尼斯的这种"活性石块"为城市提供具有活力的基础设施，它们可以持续不断地以周围环境的自然条件为食，并有能力改造城市。

8.3.1 为威尼斯而造的活性砖

活性砖是平行威尼斯故事的一部分，它建立在"未来威尼斯"和"未来威尼斯II"项目的基础上，是对一个城市的持续探索，这个城市的结构正在焕发活力，并对环境作出反应。

它不是一种存在，而是一种能源的转化、摇摆的景观、微生物的城市聚合成肌肉群，一个关联世界的跳动铰链，或者引导空气、火和水、离子流及流动的神秘生理学。它在颠覆一堵墙逻辑的同时又制造了一堵墙。一个动态的墓穴，将自身的门封闭，用薄膜遮住窗户——没人能活着穿过，然而一切都得到了滋养。被驯化的矿物、钻石的幻想、流淌着甜美、乳白色的麝香、粪便黏糊糊的灰浆、苍白的木质琥珀、电流的爆裂声和火花。将你自身推入其中，然后它就会变成建筑。

众所周知的是，我们只会对那些打动我们的事物真正有所反应。经过几千年的默默无闻，我们现在已经可以预设形态——转化形态，这会丰富我们的土壤，在精神层面连接生与死。把我们种在水岸边，我们就会像这个液态宇宙中反射的恒星一样闪耀。我们从建筑

图8.2　活性砖科技原型：威尼斯砖（作为单一单元以及阵列）已经被加工并且在结构内部形成微生物燃料室，从而能够产生足够的电力来操作数字温度计显示器。照片由活性建筑联合体（Living Architecture Consortium），西英格兰大学（University of the West of England），布里斯托生物能源中心（Bristol BioEnergy Centre）提供，2016年

的基底开始，但我们同时也是社会变革的器具；变形的杂技演员、跳舞的空中飞人、未知的宇航员——一个充满活力的、有生命力的成员组成的社区，因此我们的传承不会局限于地球。（Hughes，2016b，p. 19）

于2016年10月14日在大运河（Grand Canal）丽兹卡尔顿酒店（Hotel Carlton）举办的威尼斯建筑双年展（Venice Architecture Biennale）期间公开发布，由西英格兰大学的吉米·里姆布（Gimi Rimbu）和约安尼斯·伊罗普洛斯（IoannisIeropoulos）开发的活性砖是活性建筑项目的第一个原型样本（图8.2）。这个仪器可以和一个已被认可的结构系统匹配，一块实际应用在威尼斯城建设中的砖头，自身带有一个生物反应系统——MFC。活性砖是一种自然系统类型的改良版本，可以嵌入在城市的砖石系统当中。砖头会结构性地邀请并孕育自然系统，而不是让自然进行随机的植入。[①]通过场地设计和编排新陈代谢过程的潜力，提出了关于技术、自然、建筑和生态之间关系的问题，并可能为人类居住的普遍问题提出有意义的解决方式。比如，活性砖可以改变我们处理垃圾的方式，为所有人带来净化水或者改装我们的建筑从而增加它们的环保值，尤其是在那些缺乏水电设施的区域，比如贫民窟和难民营。

活性砖是高度可定制化的技术，但并不是西方文明独有的技术。它们是可编程的，并且可以在砖头的成分当中纳入不同种类的陶瓷、生物膜沉淀物、室内空间的几何、质地、导电性以及砖头的渗透性，这样一来就可以在局部范围内被调节，从而满足它们作为单体、整体以及环境的性能表现。在这些过程中，其中一些系统表现是会被每一块砖的自身特性所影响的，比如不同品种的黏土、尺寸、形状、剂料以及烧砖的过程以及它们的位置都会影响系统的潜在产出。因此，社区可以利用当地的生物膜，结合其对陶瓷的了解，开发出符合当地资源和文化价值的活砖类型。

8.3.2 滴定拉力：臀和牙

在一个平行的世界里，另一种砌体系统支撑着威尼斯的建筑，提供了一个动态和迅速响应的基础设施，这个基础设施还能够通过人的参与进行滴定，并且可以进行塑模和挤压现有结构，因此可以（重复性地）因地制宜（图8.3）。

---

① 在工作的砖石之上，一个瓷器模型被展示了出来，它是由LIQUIFER系统组织所开发的，作为活性建筑项目的其中一部分。

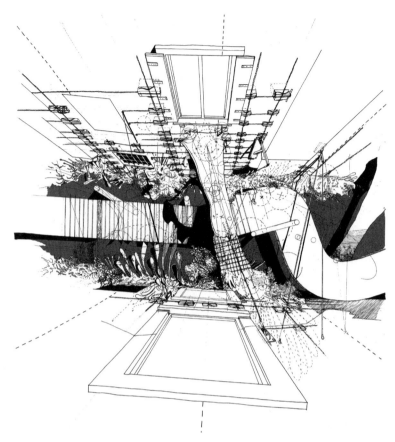

图8.3　在一个紧邻Campo San Stefano（地名）的威尼斯里约（威尼斯的一个地区）中的活性砖。根据前四十层砌砖，回应一个自然计算机程序"打击卡"，一个电缆和支柱的系统，可以有选择性地促进本地海洋野生动物的生长。照片由马修·沙曼–海尔斯（Matthew Sharman–Hayles）提供，2017年

　　被紧致的结构外衣所包裹的Calle S. Giovanni（某个威尼斯街道）正在经历一个十年周期的雕塑砖面的颠覆性重塑（图8.4）。在这里，身体塑造的艺术与牙科的技法相结合，通过应用模板来指引可编程砖的相互作用。曾经，只要在墙上插入钢钉和钢板就足够防止它们下垂，但今天不行，使用动态砖石的规程要求工作者具备相当程度的美学素养，同时还需要具备对空间进行改造的能力，而这些改造会最终生成功能性的空间，比如窗户和门洞，而不是像墙一样的屏障。

　　在这个中世纪狭长走道的末端，运河边的建筑材料开始软化。它们是通过一种"紧系带"技术系住的，这是一种极端的结构包裹方式，实践时需要极为小心，否则它会导致建筑上位楼层的碎裂。而许多临近水面的用于固定的拉力钢筋条已经开始明显生锈。

有的比较简单，只需点击墙上的挂钩和现有的拱线就可以被去除。一楼突出的砖石支线表明，它希望与小巷对面的邻居一起形成一座桥——钛合金螺旋弹簧应用的发明以及绑在桥台上的一系列陶瓷锯齿促进着这一过程的触发。一些应用不当的烧石膏熔浆浸泡过的绷带被包裹在凸出物周围，做出一种结构功能的模糊假象。在这里，浸有聚氨酯和热塑性塑料的针织玻璃纤维绷带也在试图掩盖无法弥合的缺陷。就是这些粗劣的工艺阻止了生长材料采用次优配置。在这里，一片具有基本窗户样式的挂毯正沿着二楼被剪掉，砌体压力板被装饰性的O形环所调和。在吊钩和支架的支撑下，这些孔形成了一个阳台。

在一楼，一条奥地利带——一块带螺丝的两英寸宽的钢带——穿过入口门廊和窗户并环绕着砖墙。它优雅地挤出了一个椭圆形空间，这个空间被乳胶坝隔离，因此可以局部控制水的渗透。它可能会支撑一根横梁，或者成为一个共享生活空间的（具有多重属性的）融合体。这里还使用了定制的校准器，隐形支架打造得很好，很可能是用一个虚拟的三维处理方案制造出来的，而这个虚拟的方案在结构处理之前就预想了空间会如何演变。

也许在这条巷子中最不寻常的特征就是这个木匾（busk），它被插入支撑脚手架中，并被放置在膝盖水平的位置。它维持着水道旁建筑面的挺拔，这样从船上看去会比较舒适。而它在街道对面的邻居面前，则呈现出自身杂乱无章的各种线框，进一步推动着砖墙的膨胀。我意识到他们已经实施了一个"Devonshire"，意思就是拆除了六层砖墙，以强调突出部分；而正如我之前所说的，整个场地到处都充斥着劣质作品。这个地方的关注点都只停留在表面。

在那里，在大量没有被覆盖的、如蔓藤一般的电缆下面，一副分离的结构外衣会拉起并分隔在砖石结构中不断增长的裂缝。有的人甚至在空间内部也进行了加固，这些支架在砖砌体的内部，通过一系列拉力的线与外部连接。我怀疑这些操作是在小心地打开结构，以便插入新的梁来完成结构桥接。因为我看不到巩固的底部构件，很难说这样的建筑意图是什么——除了可以形成一系列吸引人的石拱以外。

尽管它们可能是奢侈和肤浅的，但这种形式上的自我放纵并不让我担心，我担心的是这个将要建成的高架通廊。原来的砖石结构显示出不稳定性，那些质地疏松的砖块正在从内部碎裂腐烂。只有进一步插入金属保护支架，才有可能保持其结构的完整性，因为目前正在蓬勃发展的垫片和压缩片并不能充分支撑这座桥体的稳定。完全的替换，或者紧急结构支撑的注入非常有必要，因为这座空中走廊随时都有可能坍塌。

图8.4 一幅镶嵌图案，讲述着一次有关于心理地理学的城市漫步中，通过穆拉诺玻璃吊灯珠的镜头观察到的空间体验，它揭示了以前隐藏的动态建筑元素和平行地貌。由西蒙·费拉西娜提供的平面设计；照片由雷切尔·阿姆斯特朗提供，意大利，威尼斯，2016年12月

8.4 威尼斯的转变

我们可以通过一些能够幻化出替代性空间的简单仪器从而进入平行世界，比如杜尚（Duchamp）使用镜头和碎玻璃来扭曲观察者的感知［罗斯（Rose），2014］。再比如，在威尼斯的犹太人区域的周围可以发现一些异常高大的建筑，可以通过使用一个由穆拉诺玻璃枝形吊灯的单珠制成的透镜来观察其正在以加速的形式膨胀和塌陷。在光线扭曲的地方，就会产生结构和空间的变换，在这里的一些建筑的细节会变得更加密集，而其他区域则可能萎缩并开辟新的空间。

天空如同在建筑中的潮气一样升起，像口香糖一样拉扯着砖瓦，就像一个个屋顶把帽子抛向天空。充满水汽的蔚蓝的烟雾萦绕不去，坚持不懈地要证明它其实属于苍穹，但我对此表示怀疑。我对一切都表示怀疑。朦胧的空间像露珠一般在窗玻璃上形成，使事物的定位变得模糊。窗户无法控制地蔓延，墙壁起伏不定，街道清洁工刷洗着台阶上多个平面的灰尘，而灰泥的各种碎屑则淤积在家家户户的门前。弹簧荷载的结构梁和多个拱门像垂死的星球一样倒塌并盘绕在重复的空间里，直到他们被强大的张力所损伤并彼此相互融化。这些不稳定的超密物质云；一部分公寓、一部分阳台、一部分屋顶，很容易突然消失，作为一束束光，如刀锋一般碎裂到街道上。一个快递员并没有在意这场充满暴力的事件，他沿着许多同时出现的轨道走过小巷。相貌相同的鸽子凝视着排水沟里的多个阳台，而平行的植物在墙内溶解成了漩涡。砖石似乎想悄悄说些什么，于是用可怕的沙哑声清了清嗓子，但依然找不到自己的嗓音。混凝土的阴影在多个空间之间的一个无光的连接处划伤了这个人，而在这些空间之中，一个女人握着一个孩子的手突然出现，却又消失在阴沟当中。

8.4.1 柔性活体建筑之城

以下一系列平行的肖像画（第8.4.1章，第8.4.1.1章以及第8.4.1.2章）将讨论柔性威尼斯当中的生命。

这个概念是基于"柔性活体科技"将如何改变威尼斯城市的总体形象，这项技术是为博世（Bosch）五十周年纪念而开发。

曾几何时，每天都有成千上万的游客乘坐邮轮从新岛（Tronchetto）码头涌上街头。如今它们停泊在MOSE大门南侧的水堤边上，然后把乘客放进能够一路延伸到机场的地下地铁系统当中。通勤者现在可以在威尼斯繁荣的旅游业、生物技术和水产养殖业中旅行和工作。

威尼斯已经衰落有一段时间了。1931年达到164000的人口顶峰，然而欧洲大陆的现代发展，特别是在20世纪七八十年代，促使大量人口逃离城市。到了第三个千年之交，每年2000万游客的数量远远超过了这座城市的6万居民，如果没有一个活跃的当地人口来维持城市的活力，这座城市的未来将受到严峻的挑战。

事实证明，经济适用房是解决这种状况的一剂良药。劳动人口迅速膨胀，新的土地在环绕着via della Libertà的岛屿链中被开辟出来。威尼斯人在立法上进行创新，他们把城市里收集的回收垃圾变成了防水的砖石，并开创了一种全新的技术基础设施。将生物技术与住宅和商业建筑相结合，新的供暖和清洁水的方式不断涌现。这些发展不仅减少了水电费，而且提高了居民的生活质量，同时还激活了潟湖的生态。

8.4.1.1　柔性房子：我的章鱼之家

以下场景基于特定实例，讲述"柔性活体科技"如何可以改造威尼斯的日常生活，这项技术也是为博世五十周年纪念而开发（Armstrong，2017）。

我不能确定我是否醒着。仅仅多休息五分钟，对一天的生活就会有很大的影响。克苏鲁（Cthulhu）将我沐浴在一个和我自身温度相同的海洋中，而我在她柔软的空间里沉浮。她是我夜晚里的床垫，白天的通信系统。我又陷进她温柔的波浪里，那波浪开始摇晃我，当我拒绝上升时，她却成为激荡无比的风暴。

哦，天哪！你来了，罗莎。我还没准备好。如果没有任何帮助，你将永远不可能在第一天找到实验室。我真不敢相信，我们一起上学的日子已经过去那么多年了。上来吧！

来见见克苏鲁，是她让你进来的。她掌管这个地方——一个由感光聚合物凝胶制成的神奇章鱼球。看看她柔软的触须是如何伸向天花板上的管道网络的。既然她已经确定我起床了，那么现在她会伸展成一个全息地球仪。

啊！不！我妈又在尝试联系我了。你可以通过克苏鲁的单个量子眼看到她。她有个习惯，就是在最奇怪的时候解开世界上的"问题"，而这些问题恰好和我的问题纠缠在一起。我先失陪一下。

我们到下一层去吧。我把我的浴室进行了编码，它现在可以生产生物降解的肥皂，还能够一次性回收所有的磷酸盐并捕获塑料微粒。好吵啊！她的管道今天鸣音异常。或许她的液体技术系统堵塞了，或者说与她链接的厨房的生物处理器超负荷了。让我试试转动控制板来降低过滤速度。哦，太好了，生物识别仪从琥珀色变成了绿色。现在她的热量控制在安全范围内，她的负荷也小了许多。打扰一下，我要用积雨云淋浴一下。没事，你并不会冒犯到我。我会完全消失，但你可能会看到电闪雷鸣。它们真的不危险，因为它们的电压太小了，但它们如果频繁出现的话会很烦人。

我希望我没有耽误您太久。我有个不好的习惯，就是在准备时容易忘记时间。你想要喝点咖啡么？

哦，厨房里的这些东西是一个由管子、容器和器官组成的生态系统，这些管子、容器和器官在不同的房间里冒泡。它们会不断变换颜色，而且有10年左右的保质期，然后就需要检查了。即便如此，也只有在过滤水上升至顶层的机械泵时才可能需要维护。不，你不会看到堆肥和污水处理，因为它们会藏在这些漂亮的木炭内衬陶瓷容器里。当然，它们有的时候也会漏水！在威尼斯，大家都习惯了这些难闻的气味。就把这种体验当成在光顾奶酪店好了。

你从没见过凝胶剂？它用吸热的过程来冷却物体。该死的，很难弄清楚里面有什么。当然，你是对的。当食物脱落时，凝胶会变得浑浊。好的，今天不吃早餐了！我们会在路上买些吃的。把你的杯子留在池子里，生物处理器会把它洗干净的。

下旋转楼梯时请小心。这个楼梯挺陡的，因为在夏天的时候它会变成一排座位。噢，我很高兴你能喜欢这些瓷砖，它们挺特别的。他们不需要任何水泵就可以把水吸上来，然后用虹吸管将其吸到业态科技储液罐中。

请不要担心！那是马克（Marco），我的蓝蟹。我知道，他和晚餐的盘子一样大。当我带他出去逛街时，我需要用手握住他那带着红色尖头的钳子。他有个很不好的习惯，就是用钳子去夹好奇狗狗们的鼻子。因为这些狗狗都太着迷于他侧身的步态和满身带刺的外表。待会儿等我回来我会喂他。

你准备好了么？那么我们出发吧。

8.4.1.2 活体能源2067

这一概念是为博世五十周年纪念而提出的，背后的依据是一个想法，那就是威尼斯的建筑可能存在"活性"的新陈代谢，而不是死物。这个区分非常重要。

死亡的代谢是现代科技的典型燃料。它们的特征是长链碳氢化合物，而碳氢化合物不容易被生物分子分解，因此需要较高的燃烧激活阈值。一旦被点燃，它们会产生大量的能量，但污染严重。

而相反，活体代谢利用酶的催化作用。它们具有较低的激活阈值，引燃后却不会持续燃烧。因为它们的代谢过程与生物领域是相容的，它们可以转化为丰富的底物组合，甚至一种反应的废品也可以成为另一种反应的原料。然而，活体新陈代谢释放出的能量并不大。每一块威尼斯活体砖（详见第8.3.1章）分解的物质转化后的电能只有750微瓦（0.00075W）的能量。换句话说，一个标准的每小时40～60瓦的电灯泡需要大约50000块砖来维持运作。在实际操作中，这意味着需要阵列来放大系统的输出，或者说我们对技术的性能表现的期望应该提出质疑。尽管活体砖并不能够给一个现代的家提供足够的电力，但另一方面，我们对能源需求的评估其实基于我们在工业技术方面的经验。在这种进退两难的情况当中，机械设备设定了宜居住宅的标准和期望，而这种标准和期望是基于工业规模输出和使用的。

改变替代能源的评估体系意味着我们的生活空间将有非常不同的需求和影响。柔性活体建筑将为居住环境建立一套替代性的基础设施，这套基础设施将由卡路里为燃料的代谢系统进行调节。

能量消耗就相当于消化，计量单位为卡路里。这些能量的源泉提供的输出与体温相等，而不是有害的工业热量。改变对城市内基本燃料消耗种类的预设也可能触发一些新的观念、互动以及对其特性的理解。

在发明原创菜肴的方面，威尼斯有着悠久的历史。在这种传统中，活性科技变成了一种为"冷餐"服务的平台，冷餐并不被烹饪而是会被人们用酶进行提前消化并塑造成有吸引力的形式。这些美食，如萨尔瓦多·达利（Salvador Dalí）的穿孔心脏，为餐食提供了营养丰富的膳食，又能让生活在家中的老人等一些有烫伤风险的人群能够安全地进行烹饪。

在外部如同迷宫一般的街道中不需要太强的灯光，模拟生物发光源——比如用细菌、真菌、甲壳类动物、软体动物、鱼类和昆虫去产生的富含荧光素的物质——会散发出非常不同质感的光。这些光从家里溢出，游荡到公共空间和水道里，成为这个迷人的城市中"活性代谢"丰富的一部分。

8.5 未来威尼斯

未来所不能达成的只是过去的分支：死去的分支。（Calvino，1997，p. 29）

未来威尼斯是一个平行世界（图8.5），这个城市之所以能继续存在靠的是改造城市的木桩地基，让其能够获得一些生物的特性，从而维系城市的生命。通过战略性地在水中的一些关键位置加入人工细胞，这些木桩则被转化成为类似于珊瑚的结构。通过不断生长的物质，这个城市则可以随着所处的环境变化而不断自我修复，同时它还通过将点荷载分散到更宽的地基上来减弱地面下沉的效应（Armstrong，2015）。

这种人工珊瑚礁是通过在运河内的特定位置添加水、油和盐的自组织混合物而形成的。在这里，人工细胞自发形成，并通过将潟湖中的物质（污染物、溶解气体、有机废物）转化为一种活性类似土壤的物质，从而协调珊瑚礁的特性。通过在潟湖边的水箱里进行演示，证实了"原珍珠"的实时生产需要在城市周围种植人工礁状结构的事实。[①]潜在

---

① 这些实验是与styblo.tv公司合作进行的。Martin Hanczyc目前在特伦托大学，David de Lucrezia，来自Explora Biotech和威尼斯大学的建筑系学生。

图8.5　通过水渠中的倒影进行窥探，通过被转化过后的窗框细节，观察一块未来威尼斯的碎片。照片由雷切尔·阿姆斯特朗提供：威尼斯，意大利，2015年7月

的可能性是，这个项目就是MOSE大门的"柔性"辅助设施，在此，由海洋生态系统共同建设的建筑尺寸结构能够使潟湖和城市共同获利。

如果环境条件发生了改变，潟湖干涸了——比如说，彼得·蒂亚蒂尼（Pietro Tiatini）和他的同事通过将海水泵入其泄压的蓄水层，成功地靠人为推动因素提升了城市的高度（Teatini et al.，2011）。抑或者，如果MOSE大门遇到了极端的环境事件，导致本土生态系统达到灾难性的临界点——那么化学的滴液就可以执行一个不同的程序。不再进行向外扩展堆积，木桩会被覆盖上一层"生物凝土"的保护层，这一保护层会随着水的下沉而向下形成。这种密封剂可以防止它们暴露在空气中腐烂。

更进一步的是，这种人工礁的技术将会协调在整个生物区的组织、空间、居民和结构之间形成的一套协同系统，而这套系统最终会增加整体环境的活力，提高环境的宜居性。同时它还建立了一套能够在潮湿条件的建筑环境中运作的建筑规则，带着更广泛的城市肌理补救、翻新和修复的潜在可能性。

8.5.1　原细胞之城

并不是所有城市都是为人类而设立的：许多平行的城市其实是与我们的城市同时存在的，大多数可以在水边找到。

浮油在水面上激烈荡漾并扩散着，形成一层能捕捉水面粒子并可以散射光线的精细薄膜。这种油腻的地貌特别适合孕育生命。它不仅是一个有一定概率能带来生命的场所，还是一个自然计算机系统，每一次形态的转变都会为下一次创造可能。

小鱼啃食着它美味的身体；昆虫表面的滑行者由于表面张力的变化而摆动，运河鸭用嘴舀起水面美味的乳状液。这层膜变得厚实，然后分离成为多个光彩夺目的浮渣岛屿，在波涛中翻滚，直到只有一个分子的厚度。继续向外行驶，它们活跃的化学场域与养分、污染物、环境毒物和微生物不断交织。每一次交流都为平行形式的殖民和超复杂的物质事件提供了一个栖息地，这些事件构成了生命的延续。

8.5.2   未来威尼斯Ⅱ

你不会从一个城市的七个或者七十个奇迹中获得欢欣，能够让你心悦的其实是它对你自身带有的问题的回答。（卡尔维诺，1997，p. 44）

未来威尼斯Ⅱ是与IDEA实验室、艺术方面的策展人、迈克·佩里（Mike Perry）、史万斯工作室（Studio Swine）、朱利安·梅尔希奥里（Julian Melchiorri）和生态逻辑工作室（EcoLogic Studio）合作的项目，这个项目在2014年第五十六届威尼斯双年展阿塞拜疆馆的Vita Vitale展览中展出。它确定了城市的两个主要挑战——每年被2000万游客丢弃到潟湖中的1300万个塑料瓶所产生的塑料微碎片的收集，还有就是湖水的富营养化。这些麻烦的建筑尺寸大小的织物之间形成的协同作用，正引发着一个合成大陆"Zanzara岛"的构建——一个转基因蚊子的滋生地，最终将减少城市携带疾病的蚊子数量。

虎蚊已经成为一种无法控制的瘟疫，使原本紧张的医院伤员候诊室摆满了抗生素，来抵御蚊子二次叮咬带来的血液中毒和寄生虫病。尽管针对蚊子的自然繁殖地有严格的环境控制，但疟疾警告还是定期发布，蚊子依然使夜晚的空气变浓，胃里充满了人的血液。制定正确的策略来减少蚊子的数量是一个需要精细化管理的工程。就像穆拉诺（Murano）的玻璃吹制者，以艺术和企业家的精湛技艺之名小心地掌握了他们的半液态艺术。要想操纵生物仪器从而去破坏干扰蚊子的生殖生命周期，需要一种精湛卓越的技术。

塑料废料是从丽都海滩（Lido beach）上收集的，并与当地的生物膜一起培养（图8.6）。在8个水箱中，有一个水箱里长出了厚厚的蜘蛛网状的生物膜。它们牢牢地附

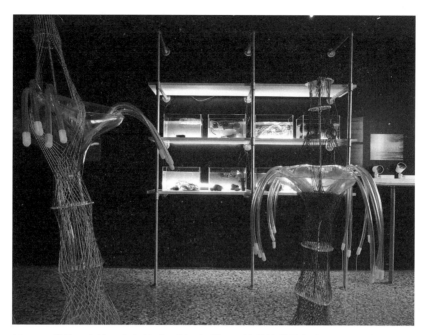

图8.6　背景：在第五十六届威尼斯双年展——维塔维塔展览中，为IDEA实验室而安装的八个水箱；用当地生物膜培育的塑料以生产"活性"生物塑料复合材料。前景：生态逻辑工作室的"智能"西兰花，藻类"大脑"和传感器。照片由雷切尔·阿姆斯特朗与艺术策展人以及IDEA实验室协力提供，威尼斯，2015年5月

着在水箱里的塑料碎屑上，并通过自身的这种行为支持了一种观点，那就是自然生物膜可以通过递进式的科学开发，逐步成为收集塑料微粒的天然"网"。另外一个水箱里也开始生长类似的生物膜，但它们的分布方式和形态则显得更为"斯巴达"（Spartan）。其中两个水箱产生了无明显细菌成分的藻类，获取了球状的集群形式，它这样的形态也可能是被水流所塑造。一个水箱中的聚苯乙烯岛将生物膜撕开，形成藻类和细菌菌落。藻类聚集在聚苯乙烯小球之间的空间，这些小球为藻类提供了庇护、水、空气和矿物质，而与此同时细菌在富氧泵出口的周围逐渐繁殖生长成厚厚的叶状体。还有两个水箱则保持无菌的状态，无微生物生长，这有可能是由于采集的塑料瓶上的污染物质导致的。最后的一个水箱则被蚊子幼虫寄生，而它则被人通过在水面上添加一层矿物油除掉的。在这个水箱中没有观察到生物膜的生长。

　　实验室实验表明，潟湖微生物与塑料之间可以存有某种复杂的关系，而这个结论则被八个水箱中一系列不同的结果进一步证实。未来威尼斯II项目在如何将退化景观转变为宜居环境的问题上，提出了非常有价值的观察，即如何通过寻找目前可能不存在的既定生态系统之间的替代性协同作用，将退化的地貌转变为适合居住的环境。

8.5.3　梅尔玛·维德：无用之物的岛屿

在一个平行世界中，在威尼斯潟湖中除了使用碎石以外另类的生成岛屿方式成为某种建筑尺度的艺术实践。

成百上千件婚纱处于不同的腐烂状态，像稻草人一样被钉在木桩上，在梅尔玛·维德（Melma Verde）横风中挣扎。它们是由回收的布料制成的，上面渗透着绿色的黏液，与地面形成奇怪的夹角。

这个岛最初是一个填海工程，是表演艺术家尤特·马洛（Ute Mallo）和布莱尔·诺曼（Blair Norman）留下的独特遗产，他们在第115届威尼斯双年展安排好的"升天"演出中潜逃，并跑到这座岛屿上来许下他们的婚姻誓言。这次骗局的唯一证据是一件婚纱，披在交叉的棍子上，上面钉着一张纸条——"并不是上升的都会被收回（UB）"。

有人说，这两位艺术家现在正在巴厘岛的海滩上过着简朴的生活，但有更加阴暗的说法表明他们自杀了。不管事情的真相是什么，这个奇怪的事件引发了各类的模仿仪式，在艺术喜剧dell'arte的传统中，"新娘"是一个开放的、让人留下遐想的角色。蒙面人、假人、华丽的男人、男扮女装者和几只山羊都是狂欢节游行的一部分——后来因为这些山羊食用环境遗迹被禁止进入岛上。庆祝活动的中心是新娘的礼服，它记录了一段从威尼斯到梅尔玛·维德之间，充满污渍、泪水和积聚的仪式旅程，同时也象征着被抛弃物变成珍贵的文物。

随着当地对再回收婚纱的需求激增，一批富有进取心的硕士研究生在岛上建立了一个纺织工作室，致力于用海洋废弃物制作织物。海滩垃圾被收集、分类和处理，然后转移到一系列的培育箱内。在这里，产生纤维素的微生物、碎屑、手工剥离的膀胱虫和氯化钙，将这些打结的物质凝结成防风雨的材料，闪闪发光。当布料达到所需的稠度时，它就会被支撑在回收的渔网上，在这里，贝壳、珠子和漂流物都会被缝在衣服上。

一般来说，新娘在狂欢节前一年购买礼服，并在节日准备的期间用祷告丝带、传家宝和压花等高度个性化的物品进一步定制礼服。跟随乘私人船离开萨卡·费索拉（Sacca Fisola）海岸，一个由垃圾和淤泥、沙子和海藻混合的威尼斯岛正在逐渐形成游行队伍逐渐来到梅尔玛·维德。到达岛屿的那一刻，新娘像蛹一样把衣服劈开，露出一件丝质内衣。然后将其安装在一个专用的脚手架上，周围参加嘉年华的众人会在脚手架周围撒上芳香的堆肥、花瓣、可食用的五彩纸屑和特定地区的种子。仪式结束时，新婚夫妇拥抱并交换誓言，将爱与生育力捆绑在一起并给岛上带来新的生命。岛上所有的衣服都作为遗物和空转的护身符留在岛上，纪念着这些无用之物的价值。

8.6　活体墙

当国家联合起来时，墙就会被拆除。值得一提的是，1989年11月9日，民主德国政府宣布共产主义民主德国和资本主义联邦德国人民之间将自由行动，而与此同时博林的"羞愧之墙"则被推倒。

如今，到处都是高耸林立的墙：一个巨大的、延绵280英里长的锋利铁丝网屏障正阻止着难民逃离巴基斯坦、伊朗和摩洛哥并安全抵达欧洲南部（Sim，2015；BBC News，2016）。而由于英国脱欧所引发的边境准入问题，因此英联邦正考虑建造一个英国版的"加莱长城"，这是一个4米厚的屏障，防止偷渡者横渡英吉利海峡。在威尼斯，MOSE项目如怪兽一般庞大的液压闸门，从大海中屹立而起，如同一个巨大的克努特国王正在阻挡潮水的上升。然后就是美利坚合众国，唐纳德·特朗普（Donald Trump）的反移民墙的第一块模块已经在墨西哥边境被建立起来。而这些屏障以及不可逾越的边界都是反生命的。

在逃离冲突的过程中，迁移者不仅遭受政治和社会动荡的创伤，还缺乏能够维持人道生活水平的基本舒适条件。在一个正在解体的世界中，当前的政治、经济和社会结构，加上干旱、饥荒、过度拥挤和住房短缺等极端环境条件，注定会引发更多的暴力运动和人与人之间的冲突。尽管这些隔断都如他们设计的那样，有着强烈的守卫、严格的建造或维护，但它们早晚也会被毁灭性的环境压力以及文化剧变而摧毁。一方面惰性材料（Inert Material）崇尚永恒，而另一方面活性材料则倡导创造力——即便面临最严峻的生存挑战。我们迫切地需要重新想象和利用砖块这个建筑施工最基本的建筑单元，并找到一种能够不把人们分开，而是能让我们彼此拥抱的建筑技术。如此一般的基础设施必须能促使活力、多样性、外交、尊严、流动性、生存和创造力成为可能，并因此扩展我们的生存版图。实现这种根本性转变的一种方法就是让砖块获得一些生命系统的动态能力。

柔性活体建筑的可塑性挑战了传统砖和墙的概念——它们是如何被设计、安装、维护以及它们到底在执行什么样的功能。活体墙不会简单地分割空间，而是会转化空间之间以及空间和物质之间的关系，在危难和冲突的时期这或许会变得非常有意义。例如，活体墙可以装载微生物燃料电池阵列，这是一种模块化的有机电池单元，由人类生活产生的废物提供动力（详见第8.1章）。这些电池可以由一系列材料制成，并以阵列的形式连接在一起以扩大其输出（Ieropoulos，Greenman and Melhuish，2009）。牛津饥荒救济委员会和盖茨基金会正在资助开发用尿液为作为难民营的隔间的原型厕所提供照明，而这些区域本来是黑暗的，并且对于女性来说是非常凶险的。目前，厕所的原型还在试验阶段，但这种柔性活体建筑系统可以被大批量使用在数千人居住的临时定居点，并提供庇护、电和净化水并因此解决卫生问题（Ford，2015）。活体墙并不是能够解决所有争斗的冲击或者毁灭性环境力量的万能药，但在对于居住在不稳定的地方所必需的地点特殊性、位置和居住模式等方面，它却是非常重要的。

　　在这样一个平行世界中，墙这个概念的既有属性，将人们从他们所在的环境中，以及人与人之间进行分化和分离，并通过能够交换和适应的（代谢）空间（重新）调控——成为活体墙。下面的事业实验响应特朗普的"战术基础设施"呼吁（FedBizOpps.gov.，2017）。它的汇报形式是向美国国土安全部、海关和边境保护提交的第一阶段报告，提议修建一座30英尺高（约10米），跨度约1900英里（约3058公里）的墙，并且能够穿越美利坚合众国和墨西哥边界之间的各种地形（图8.7）。

　　我们设想的墙壁，应该颂扬的是多样性和包容性，而不是同质性和排斥性；开放性而不是限制性。从这个角度去思考，它将呈现许多独特的属性：

　　每一块砖都是用远道而来的材料用独特的手法锻造而成的，凝聚着共同的诚信。

　　砖头的制作不需要任何商业投资。

　　每一块砖都有专属的作者。

　　每块砖的制作背后都有激情。

图8.7　一个为响应唐纳德·特朗普之墙（Donald Trump's wall）的号召所开发的活体墙的概念，这个概念也在寻求潜在的承包商。图纸由西蒙·费拉西娜提供，2017年

每块砖都能代表一个人。

没有一块砖和另外一块完全相似。

每一块砖都被赋予了感性、情感和欲望，这些都是通过它与自然的持续关系而发挥出来的。砖头可能会在风中尖叫，在太阳的高温下会折断骨头，潮湿时会滋生游走的苔藓，或者也可以为小鸟提供庇护所。

砖头也可能充满恶意，并扼杀生命的可能性，导致居住地无法立足。

每一块砖产生的效果都是由其对爱与恨的基本能力所决定的。

每一块砖都讲述一段独特的故事。

每一块砖都与它的邻居有关系。

所有砖都相互依靠并最终形成一堵墙。

砖块的社群会决定它们一起将要形成一堵什么样的墙。

砂浆不能把砖头粘在一起，但艰苦的工作、耐心和信任却可以。

墙可以讲述各国人民的欲望，并体现他们的梦想与憎恶。

墙无法保持静止，并注定会在夜幕的掩护下欢欣雀跃。(Armstrong, Ferracina and Hughes, 2017)

性能表现

本章节将探讨平行世界如何通过使用半活体仪器而被塑造，同时它们是如何被极端的躯体在占据这些空间的过程中进行"计算"的，极端的躯体包括非人类的个体（蟑螂）以及马戏团表演者。通过对物质的编排、即兴创作技巧、舞台邂逅和讲故事等方式，揭示了居住时空的平行模式。

9.1 珀耳塞福涅：建立巴别苍穹生态圈

珀耳塞福涅项目是一个世界性的实验，它将考量对地球的生态系统和生活方式的预期如何限制我们在这个星球上的居住模式的有效性。该项目旨在为人类和非人类太空殖民者建造一个人工环境。这是伊卡洛斯星际小组（Icarus Interstellar group）工作章程中的一部分，目标是在100年内在地球轨道上建造一个星际飞船研究平台（Armstrong，2016a）。它探索的是一个与自然系统平行关系的建立，从而能够采取一种自下而上的方法对待各种生命基础设施的合成来支持殖民者。

通过使用生态学原理并且对定居点采用一种平行的方式，珀耳塞福涅项目将挑战现有的建造和评估方法，这种方式可以建立生态系统的多变性。具体来说，该项目旨在从土壤的合成开始去创造一个促进生命的环境。

迄今为止，该项目已经在一系列地球上制定的实验空间得以实现 ——从在化学实验室种植人工土壤基质到向平流层发射一系列生命体（Armstrong，2016a）。每一组实验都将我们从与居住惯例相关的熟悉的陆地条件进一步带入未知的深渊，在那里，生存和幸福的生活没有保障。

9.2 珀耳塞福涅：建构平行世界的器具

同态调节器（homeostat）——用军工器械的剩余部分建造的一种笨重的、略带巴洛克风格的机器——它只有一个目的：在应对环境变动时恢复稳定。我们很难准确地描述均衡器是如何工作的：四个相同的单元通过电气输入和输出相互连接，每个单元顶部都有浸在水槽中的导电叶片。其原理有点像示波器，叶片在槽中来回移动，对来自环境的电力输入——即设置中其他模块的输出——作出反应，每一个模块都有自身的输出，而这个输出的量取决于叶片在水槽中的位置。如果叶片处在水槽的中间区域，则电输出为零；但是，如果它被放置在水槽中的任何一个位置，它就可以向其他模块提供电力输出，影响它所连接的叶片位置。因此，通过将叶片推离原有位置，机器就被启动了，所有四个单元上的叶片都会通过前后移动从而做出反应，从而让它们对各自的环境做出反应。(The Science Team, 2016)

平行世界仪器（worlding instrument）是一个通过产生平行的肥沃土壤来解决无生命地形的原型方案。这种矩阵可以调节它们的性能表现，同时也创造了一种将生与死结合起来的媒介。该项目开始于与加利福尼亚州可持续发展技术首席运营官内森·莫里森（Nathan Morrisson）的合作。

概念上来说，平行世界仪器引用了罗斯·阿什比（Ross Ashby）的同态调节器，或者说人工大脑的想法作为灵感，意图利用反馈回路调节操作来保持系统的稳定性。该仪器还结合了斯塔福德·皮尔（Stafford Beer）首创的一项实验。皮尔是一位控制论专家，他对应用生命系统建立具有鲁棒性的思维机器特别感兴趣，可利用各种自然发生的有机系统来构建一个生态感知系统——人工大脑（Beer，1960）。皮尔利用当地池塘里的水蚤进行实验，试图诱导他们摄入铁屑，这样他就可以通过电子记录跟踪他们的输入和输出。然而，这个过程中也产生了许多问题，如铁屑被永久磁化并悬浮在水中，从而对预想中的实验结果产生了干扰。

平行世界仪器的目的是利用新的生物技术见解和设备来开发支撑皮尔人工大脑的一系列概念，而这些概念和设备都是他当时无法获得的。当时皮尔把他的控制装置想象成为某种自动化工厂，但是从存在论的角度来说，世界仪器是一个半活体系统，具有生物圈的形式。它含有藻类和富含铁的营养液，其中有数字传感系统。这个仪器可以通过利用阳光和二氧化碳形成藻类生物量的自我调节的有机层，开始形成一个简单的土壤。因此它会成为一具传感器、基板和平台，使生命促进有机残留物。这个实验是在极端条件下进行的，并会被发射到平流层几个小时。在平流层，系统的新陈代谢可以通过化学标记铁分子来完成，铁分子可以通过数字传感器来检测。然而要形成一个复杂的进化土壤，则需要更长的时间跨度，原型的系统建立了一个可测试的同时运行的装置，这个装置可以建立实践的原则、校准事件并确定在极端条件下生成复杂的生命支持矩阵所需的输出或技术跃迁。世界仪器原型还可以指出正在交换的代谢转换类型（比如铁吸收、金属沉积模式、电磁系统操纵）这样一来，通过对在没有自然系统的情况下生活、生存和繁荣所必需的基本过程获得更深刻的理解，代谢交换的复杂性则可以被更好地理解。

9.3　珀耳塞福涅：非线性阶梯的诱惑

非线性阶梯的诱惑是一个虚拟世界构建的实验，它探索的是从一种世间存在（being-in-the-world）（Heidegger，1962）到另一种存在之间的转换。这项实验在2016年4月8日至10日巴黎东京宫的《请打扰》（DO Disturb！）中以公开表演的形式进行，这个项目计划在活动的三天内每天运行三次。在一个拱形的宫殿空间内建造了一个沉浸式的占卜棱镜，作为一种接受过马戏艺术训练的演员的审讯工具。这是一场合作，合作方分别是来自于纽卡斯尔大学的实验性建筑教授，雷切尔·阿姆斯特朗；来自斯德哥尔摩艺术大学的艺术研究教授罗尔·夫休斯（Rolf Hughes）；Cirkor实验室的主管，奥利·桑德伯格（Olle Sandberg）；马戏团艺术家米西宁·旺特拉康（Methinee Wongtrakoon）（柔术师）以及亚历山大·戴姆（Alexander Dam）（体操员）；而提供技术装备的则是乔尔·杰德斯特伦（Joel Jedstrom）。这个装置包括一个直径为4米的圆形黑色镜子，镜面上有一层4厘米深的水层，它被安装在宫殿的中央。在此之上，有一个直径1.2米的圆形抛光铝平台，平台有凸起的边缘和三个M12螺钉吊环螺栓配件，通过这些配件可以让一系列发射机接上仪器并进行循环。这个装置拴在一个滑轮与两个屋顶点并连接到地板锚定，可以承受约600千克的中心索具负荷，其性能还可以通过使用5：1滑轮系统而进一步提升。工作负荷限制为200千克，安全余量为10%。表演空间由两个架空桁架照亮，而地面上也提供冷光照射。在中央空间后面，两个电视监视器屏幕在整个活动过程中连续循环显示动态滴液的视频。一系列的三个鱼缸，里面装着鳉鱼———一种唯一在太空成功繁殖的脊椎动物——并被安装在空间后墙周围的基座上。作为液体透镜，这些设备将光线引导向表演空间。

在表演者进入宫殿之前，这个占卜的黑镜表面，折射了穹顶上的多个光源，产生了符号和图案，重新渲染了剧院的氛围。由空气、热和光的自发但最小的震动所引发的运动与暗底光电膜纠缠在一起，在水面上蠕动，同时在后墙上投下阴影，在空中划出彩虹。随着表演者在占卜镜面旁热身，这个铝制平台则被滑轮系统逐渐升起。同时出现了垂直柱和无限深度虚拟井，而它则成了非线性阶梯的脚手架和多重变换的场所。这种模拟而虚拟的结构赋予空间额外的维度，熟悉和陌生的新空间开始相互重叠并改变彼此。

当非线性这场奇观正在上演时，艺术家们通过使用仪器营造了一系列领域的过渡。随着场景的变化，他们从旱地移到水里，然后又移到空中。在一系列即兴表演中，他们开发出各种不同的身体动作以及不同的空间结构，并在不同的媒介中不停地转换。当表演者穿过黑色的镜面，他们的动作产生相互碰撞的涟漪。有的形成稳定的干涉并变成图案，有的形成混沌场，还有许多则相互抵消。被镜面水的反光膜覆盖，搅动的身体很快与图像融合，开始溶入棱镜千变万化般的表面（图9.1）。滴液、泡沫、光线、汗水、鱼、头发、眼睛、皮肤细胞、布和油在一个闪烁的多重变换的半透膜空间中相互混合和分离——人体在不同的介质和边缘空间之间进行快速转换时产生的现象，根本无法用传统的人体解剖学来解释。

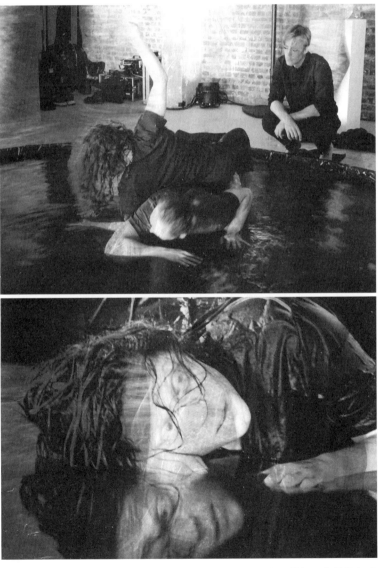

图9.1　暗黑占卜马戏团：米西宁·旺特拉康和亚历山大·戴姆（体操员）参与到以暗镜和反光镀银表面为中心的实验表演当中，其底部有摩擦，可以用滑轮系统上下移动。照片由雷切尔·阿姆斯特朗提供，巴黎东京宫，2016年4月8—10号

9.4 珀耳塞福涅：命运相交的胶囊（被悬挂之人像）

这项世界性的实验是与瑞典斯德哥尔摩艺术大学的罗尔夫·休斯（Rolf Hughes）合作完成的，而这个实验则被写成了一套为贝诺伊特·福奇（Benoit Fauchier）创作的马戏团剧本，在其中福奇使用了一套旋转的仪器（CNAC，2005—2016）。这项表演依然在等待被完成的过程中。而其中"极端马戏团"（Radical Circus）的部分则是由罗尔夫·休斯和雷切尔·阿姆斯特朗合力创作的。

9.4.1 讲解

该表演的叙述是基于《命运相交的胶囊》（*The Capsule of Crossed Destinies*）而进行创作的，这是2016年1月，在南威尔士州尼思市与星云科学公司（Nebula Sciences）合作开展的一项实验，在这项实验中，两只蟑螂被装在一个密封的生物圈中，用氦气球发射到平流层。这300克的额外负荷跟随着一次商业飞行中搭载了顺风车，目的是记录在85000英尺（约26000米）的高空，类似火星的条件下蟑螂可能会发生的行为。在加压容器内记录了氧气、二氧化碳、压力、湿度和温度，同时还装有可重复使用的栖息地和定时器，以准确记录胶囊事件。同时使用了GoPro 4K相机拍摄到了蟑螂的画面，记录了他们对动荡的大气条件的反应。虽然这个迷你的太空舱在飞行过程中，在达到30000英尺（约9000米）时突然从平台上脱落，但它被成功地打捞了回来并且其中的生物也没受到伤害（Armstrong，2016a）。

以下的叙事是基于蟑螂们的升空以及跌落事件，而叙事的模式是通过塔罗牌XII中被吊死的人的形象来讲述的。这张卡片通常用于表示在灾难性的跌倒之前犹豫不决的表现，当然这个跌倒却蕴含着死而复生的可能性，而在独特的螺旋装置内，这种死后复生的可能性则激发马戏团表演者的动作。在经历过如此一般的"死亡"之后，人类开始以不同的方式（重新）居住在地球上，同时人类本身也会被重塑成一种新的与生态环境更为融洽的物种，甚至不能再用传统的"人类"这个概念去定义这种新物种了。

9.4.2 内置生态圈瓶子

一个被两只蟑螂占据着的透明塑料瓶被氢气球发射到威尔士丘陵和山崖上空。当嘶嘶

图9.2　随着在胶囊内部的热量元素逐渐消散，温度骤降至-40℃——等同于水星上的温度。两只蟑螂依然在极端的环境条件中存活。影像静帧来自于《平流层气球飞行》——一部由雷切尔·阿姆斯特朗与星云科学（Nebula Sciences）合作提供的影片，2015年8月

作响的生物伸手去抓太阳时，它与周边世界上所有的风景一同被吞没在厚厚的云层中。在大约40000英尺的地方，加热元件失效，液体在它们的体腔中脉动，变成浆液。而冰霜则冻住了他们的肌肉（图9.2）。

像幸运鱼一样弓着背，实在很难说那些在无情的石板和凝乳的天空上投下长长阴影的红棕色剪影，到底是生是死，是在战争还是在交配。

9.4.3　被悬吊的人像

屈从于不可避免的失败，被悬吊人欣喜若狂地死去，把他的种子撒在一场可怕的拟人微生物雨中。当它们与地球相遇时，就变成了曼陀罗。从浅埋的坟墓里，它们的曼陀罗根盘根交错所结成的形象很像人，把所有疯子从地上拖出来。

9.4.4　针织恋物情节

孤独的头颅来回摆动它的触角几个小时后，不断地昂首直到氧气耗尽。没有头的蟑螂也能活几个星期——而如果被冻结了可能会更久，它们的触角则会一直寻找他们永远无法重聚的腐烂躯体。由于是一种诞生于无光区域的生物，它们的触角比眼睛更为重要——长长的白色手杖被细小的刚毛所充实，作为手指和舌头，记录嗅觉、味觉、触觉、热力和湿度的景观。受其奇怪的自主性的启发，一个螺旋形的书写工具是为了纪念这个脱臼的脑袋

而设计的。工匠和工程师在扭曲的钢、竹子、鸡骨、鸡毛和绳子的结构中解读它的运动，而它们可以由指挥人员进行控制。所以他们一起编写数学代码 —— 人类梦寐以求的救赎和蟑螂的复活。

9.4.5　斐波那契序列

0，1，1，2，3，5，8，13，21，34，55，89，144，233，377，610，987，1597，2584，4181，6765，10946，17711，28657，46368，75025，121393，196418，317811。

为了寻找他们信仰的真理，他们在蜗牛、向日葵头状花、翠雀花、豚草、金盏花、松果、水螅、灰树属、紫菀、兔子种群、黑眼苏珊草、菊苣、玫瑰花瓣、果实、叶子、菠萝、百合、鸢尾、毛茛、欧芹、罗马花椰菜、当归、云雀、鸡眼草、动物角、软体动物壳、放射虫、雏菊、内耳的耳蜗、蜜蜂、手指、苔藓、珊瑚、芦荟、腹足动物、卷心菜叶、股市、雪花、车前草、皮特瑟姆、米迦勒雏菊、鹦鹉螺、海星、超弦理论、海豚尾巴、树等物质的心脏中构建了物质的螺旋。

9.5　巴别苍穹/生态圈：居住在崩溃当中的世界（极端马戏团）

这部分是与罗尔夫·休斯（Rolf Hughes）合著的，这是一份休斯在"激进之爱"（Radical Love）中为自己的主题演讲准备的表演稿，"激进之爱"是一个由阿姆斯特朗和休斯以及来自Cirkus Cirkör公司的奥利·斯特拉德伯格（Olle Strandberg）共同建立的马戏团从业者网络。2017年1月21日，在乌普萨拉大会和音乐厅举行了一个下午和晚上的"激进之爱"的主题活动，吸引了超过3000人的观众，据报道这是有史以来最大规模的马戏团艺术家聚会（Armstrong and Hughes，2017）。

极端马戏团

我们对马戏团的想象塑造了我们对躯体的预期。我被拴在道格一个吱吱作响的钻井平台上，在暴风雨和大风中表演马戏，只有星星、浪花和偶尔的不耐烦的海鸥在观看我的表演。四个星期来，我训练自己飞翔、平衡、飞翔、旋转和跌倒。我一生都与恐惧做斗争，并不断教会自己不要害怕恐惧心理。马戏团向我们展示了在身体的领域里什么是可能的。地平线在改变。

　　直升机来到并投送必需品。我表示感激。同时尽量放松，表现得随意些。一旦你在这一生中获得了什么，你就会失去它。如果你尝试去抱住不放，你将失败。竖起大拇指。我在翻腾的风景中挥手。死亡是一条直线。我的训练重新开始，尽管不能被肉眼察觉。我的身体绷紧并倾斜，但我的手臂却在温柔地、不规则地移动。我放下了过去的一切和将来的一切并聚焦于当下的这一刻，一个同时包含万千时光的时刻。我计算着。然后放手去拥抱不归路。

*

　　一滴焦油，悬挂在慢慢伸长的线上，当它在一个壮观的时刻哭泣和倒下的时候，就会留下每一百年一次的时间记号。

　　焦油是大自然的口香糖。

　　永不改变。

　　它是由肮脏的长链碳氢化合物组成的，并且不能被活性物质分解成更甜的物质。

　　它的干尸化是由死者的新陈代谢，或曾经的生命所锻造的。

　　你可以咀嚼它，在它上面滴水，将其扭曲，在其之上分泌淀粉酶，把糖混进去，用它吹泡泡，在上面吐口水，将它和其他见不得人的怪异事物一起粘在椅子下面，但你却永远无法消融它。

　　每天，水滴都会挂在支架上，在一片连贯的海洋中慢慢伸展它的分子皮肤。

　　虽然它看起来像是在一个有自我相似性的弯月面中结合在一起，但当你仔细观察时，它是高度混杂的。

　　有时碳氢化合物是很紧绷的，有时又很放松，像肌肉一样向下伸展，如同在他们自己的能力范围之内，施展不同难度的瑜伽姿势一般。

　　每一天，滴水都注定要掉下来，但却从来没有真正刻意地去滴水。

　　［暂停］。

　　而就在某一日，它不知从哪里冒出来的，突然以自由落体的形式出现。

　　啪的一声就结束了。并标记了时间。

*

　　流体生命。

　　我梦见细线，又长又窄，我们用它把彼此捆在一起，直到我们的绷带变成一张渗出的、哭泣的、发光的网，而我们则被这张网缠住。

所以我把我的皮肤覆盖在你的皮肤上，你把你的皮肤卷在我的皮肤上，我们就在那里，看不见，摸不着——奇异的花，永远的肉体，永远的绽放。但每一天这个滴液——每一天都承诺——都会滴落但却不刻意为之。

［暂停］

咔嚓。

*

一个物体之所以会围绕另一个物体旋转是因为它在下降。它看似静止但其实是在旋转和跌落的过程中。

一颗卫星其实是不断在重力的作用下向地球坠落的，只是落入地球的过程非常缓慢。

为了避免撞到地球，一颗轨道卫星在垂直面上每落下5米，就会水平移动8000米，通过这样的设计，它的轨道就完美地与以同样速率旋转的世界的曲率相匹配。因此，卫星其实是围绕着地球不断跌落的，在重力的影响下不断地向它加速，但永远不会与地球相撞。

在这种情况下，我们的星球不仅是一个吸引物，也是一个捕捉器。为了达成卫星能够持续环绕的目的，地球以一种可控的速度不断抛出并接住卫星的身体，让它一直保持在高空。一个彻底的充满爱的互动关系，如果完美地执行，可以在永恒中持续。

*

一个早晨，当我坐在运河尽头的码头边的一个低矮油腻的码头上，我的长腿两边都垂到水面上，水面因停滞而变黑，黑水不停地涌出，让我的思绪陷入柔软的空虚，一股淡淡的橘子和木头的气味，弥漫在腐烂的臭气中，而我看见了你，在空中翻滚而过，在这个旋转和涌动新世界当中，你是一个可能的新支点；当你走近时，我本想抓住你，牢牢地紧握直到我们合并和融合在一起，但你已经滑向其他坐标，在浓密的天气里自动微笑——我们的手指几乎接触，但却被拖拽得越来越远，从它们的指关节中被拔出，指向他方，直到——如暴风雨中的火柴一般——消失。

你站在永垂不朽的立场上等待。清醒地等待着像科学一般的乏味。被放逐的群体。黑洞中存留的记忆。在我们当下的光。黑色的光。完全没有太阳，你的瞳孔捕捉到斑驳的暮色。

漂泊。

*

我们原以为黑洞是柔滑的并像座山一般光秃。但现在我们知道其实在它们内部是多毛的。一旦我们学会了时间旅行的艺术，我们发现到处都是毛茸茸的黑洞。比如厨房的水槽里会形成一些小型黑洞，伴随着肮脏的陶瓷器，我们把它们像石头一样翻了个底朝天；

它们对我们发掘出的分子爬虫又喜又反感。有时，它们看起来像阴影，吞没了小巷中的各种几何物体，或是将悲伤的空间掩盖。不过，大多数时候，我们发现他们在彼此之间的隔阂中，在已经冷酷了的内心和思想背后痛哭流涕，而这些心灵最终也根本无法摆脱幻灭所带来的腐朽。

当我们冒险进入这些地区时，我们发现了奇怪的地形，这里到处都是柔软如丝的矮树林。有时，我们穿着都比较粗糙，为的是能够应对粗糙矮小的、像猪鬃一般的地方，然而出乎意料的是，我们遇到的却是多汁的红树林，充满了奇怪的气味。在这里，在所有变化多端的中间世界和悬崖峭壁中，我们在欢乐中互相抬起头来——如同众多蛋白质、怪物以及变形者集群在摇摆和滚动一般的狂喜，顽固地拒绝平静。

所以我们做成了汇集多种语言的社交网，没有采取厌恶邻居的态度——通过评论他们的口气、他们的微生物、他们外套的颜色或者他们是否吃了大蒜——而是以某种方式用这张网去解决了所有问题。现在，我们互相搀扶着，在这个主题的许多变化中，学会了一起流口水和蠕动，作为一个激进的、活生生的循环系统，随时准备排除万难。

*

它们说它们会如动物一般死去。基础的自动机。愚蠢的事物。这是它们说的。而在那些时刻，我对它们腐朽的胡萝卜脸，沾满莴苣的土壤世界的变化感到厌恶。3.5亿年的局部转变！从卵到多个蛹，在雌性体内诞生。没有爱情！这就是它们所说的。没有爱情。

爱需要被重新塑造。温柔。或者别的什么。我不能理解。

小心。由此而诞生的事物，是非人的。

它们擦拭着自己的触角。蜕下它们身上坚韧的膜状翅膀，同时擦拭着它们那复合性的、如棱镜一般具有众多镜片的眼睛，这些眼睛天生适用于探测运动，并像舵一样让他们稳稳地在天空中转动着。他们嘶嘶地唱着战争和生育的歌，一次又一次地撕开紧贴这身体的外骨骼并重塑爱情。这是肯定的。这也是它们的工作。没心没肺的生物。现在由于蜕皮，雌性动物无法区分对方是否是雄性。

在它们的生物圈轮子上旋转，一个微不足道的午餐容器，戴着一顶难看的豌豆绿帽子，砖红色身体的生物写下无法形容的文字，并把他们的感觉器官转向夜晚。苦涩的美、多重的、令人毛骨悚然的、谩骂的。他们伸进漆黑的虚空当中，寻找星星如同像寻找糖粒一样。它们肆无忌惮地脱离了地面的束缚，并颠覆这方向、稳定、导航系统、自动驾驶仪和稳定器的理念。生存的机器。

问题是机器并不生存。

在接近十万英尺发生电路故障，比火星还冷。它们说，让它们在掉落的水果中取暖，比如苹果和湿腐菌。他们会淹死在最光滑的水膜里，或低于68°的温度。当然，当爱情没有到来时，会有不舒服的沉默和无尽的夜晚。谋杀美人，他们就这样做。折磨她的形体。在她的形体上拖动它们锯齿状的天线，就像钉子钉在黑板上，说不出的声音不会被写下来，旋转的世界也不会静止。

小心，在此诞生的，可能是非人类的。

根据传说，有一些生物栖居在天空之上的领域中。这是一个用镜子碎片、极光和量子粒子照亮天空的电磁领域。他们说有一天，一个怀孕的女人会从天上的挂毯上掉下来，并把生命之树连根拔起。她尚未分离的动蛹若虫将以她的尸体为食，并翻滚穿过世界上因为跌落塑造而成的巨大凹洞。

胶水脱落，黯淡无光的眼睛眨了一下然后它们就消失了。

所以，伴随着它们爱情的重塑，在万千噩梦中如雨水一般跌落。

*

我一直都认识你。

就在那一刻我们意识到自的众多无知，无论是女皇还是总统。同时，我们也不需要那些非自身所愿的权限、类别或约束。

在那个时候，世界更加柔和。

我们甚至都不需要向导。

我们住在一个永恒的海滩上，那里有金色的沙滩，还有如澡堂一般大的马兰草堆，以及狡猾的灰色海洋。

因此我们站起，面向对方。

倾听。

我记得你——

等待。

鱼和薯条的味道伴随着你那动物般的眼睛在微风中奔跑，

安静地。

在黑暗的楼梯上用狼的舌头嚎叫。

然而。

——与充满灵与魔法生物的世界交谈。

遗忘着。

接着健忘症风暴袭来——一个如巨大的积雨云一般的事物，我发现自己在岸边，死而无憾。

我们所发现的是某种非凡的事物。

就在生命的温度开始消散时，我认出了你，

体验就是理解。靠近一点，让我低声细语说些事情……

温暖我。

当我们创造有利于关心和关注的条件时

逐渐由内向外……

……世界进入。

世界进入并从一个跨越到另一个世界，害羞地揭示着我们。它等待着。

直到我们敞开心扉。

然后它作为回应，脱下了衣服。

房间里的分子开始窃窃私语

——我们听着它们拉近了我们的距离。

靠近。

继续靠近。

知道一切都再次开始。

然后我们所信任的砖块开始弯曲和扭曲！——共振、振荡、欣喜若狂的液体！

*

巴别苍穹———个充满动荡，早晚会分崩离析的地方——存在于只有猛兽出没的时代。它建立在一个巨大的圆桌会议中的一圈手。这些奇怪的兽类当中有的是从远古时代遗传下来的，而另一些还没有名字的怪兽，则是由果酱罐加上外质纺成的纱，以及在我们睫毛上悬挂的海浪花凝聚而成。我们把这些奇怪的针缝铺洒在我们深度恐惧的流沙上作为一种证据——说明尽管存在不确定、悲剧和灾难——一切依然还有机会。

*

如此一来，我们决定了要搬到海边去，用我们之间的暖流编织一个家；甲壳类动物会塑造我们的地窖和卧室，海苔会塑造我们的窗帘，翻腾的潮水带着地狱般的叮当声会让我们在摇晃中入睡。它持续地在崩塌，我们的炉石和家，每一种形式一旦被提出就迅速被剔除。它被地心引力所奴役，像一个面向太阳和月亮的活力棱镜万花筒一般让我们辗转反侧。海洋有义务一直保持这种假象，如果任由它自己去做，它会做出比放弃更糟糕的事情，比如直接碾平并流逝。直升机盘旋的声音很快在头顶响起，狗仔队试图拍摄我们——一群液体笼子里的裸体主义者。我们还是希望有一丝遮掩的、种植一点倒挂的花园，但是它不需要，我们没有足够的锚阻止它全部被冲走。实在是太过敏感和不安了，这种闪耀的白色介质——只要触碰它，就会如孩童一般跑开。

它沉寂在睡梦中，因此马戏团艺术家甚至都忘却它其实属于马戏团，并开始沿着床垫的边缘渗出并滴落。它如同水银一般，在地面上翻滚，像一粒发光的小水珠，能够将烛光、索具、轮子、动物标本等映射在其表面。它就像一滴汗珠从绳子艺术家的脊梁上落下来一样精确，从门缝的底部溜进了白森林，而在这里，冬天把树木变成了正在从事恶作剧的鬼魂一般。它们枯骨一般的枝条在银色的月光下戏剧性地冻结了。

我会挖一个坟墓，但我缺一把铲子。

一具马戏团艺术家的躯体，现在只有21克重，踏着闪闪发光的雪向前行进，身上的盐分刻出了Doukhobors！Svodbodniki！Suffragettes！等一系列文字——融化后，它变成了水、蒸汽——短时间内摇晃了一下，然后永远都充满敌意，从来都没有约束。

然而在那儿，我们看到了一个热气球稳步上升着，向天空中一个布满皮毛的黑洞漂移。这就是马戏团精神所追求的。

这股精神追寻着一个特殊的场地，在那儿只有一种感觉，就是身处此地，别无他处，也只有在此，这股精神才能真正成就自身。

*

　　重新播放生命的录像带为生物设计相关的居住模式，以及在世存理论（being-in-the-world）都打开了另类的实践方式，其中身体存在的意义其实与我们所存在的星球都有息息相关的影响和联系。为了追寻在人类世典型的灭绝场景中的逃跑速度，柔性活体建筑通过使用一种全新的唯物主义方法，以及在许多媒介和背景下进行调查才得以验证的实验组合，拓展了我们在生物领域中的体验，以及它设计应用的潜力。柔性活体建筑同时也对柯布西耶提出的"建筑是居住机器"（Le Corbusier，2007）的理论提出了概念性的对立面，同时也针锋相对地回应了与这个理论相关的，对生命领域产生的影响——这种影响将我们对"生命"的理解从对居住空间的认知中分离开来。与柔性活体建筑为盟的是极端的躯体、具有颠覆性并具有生命促进作用的面料、不拘一格的材质以及通过在物质和生理代谢层面纠缠着生与死的循环从而转变空间性质的马戏团和泥土。从这些转化、合成、不屈、惊讶、重组和衰败的过程中获取经验，使得建筑师有可能去发明并合成新的物质表现形式、时空的规则、"活体"仪器、平行的原型以及占据空间的形式。这种实验性的居住模式并不能直接消灭我们所在世界当前面临的各种困境，而这个世界总是在感官上给人一种崩溃和终结的感觉。而实际上，这些实验性的居住模式可以赋予我们一种具有创新性的以及与我们自然世界和谐共生的相互关系——即便我们处在生态毁灭的风暴中心。

　　在通过实验性建筑实践来实现巴别苍穹的过程中，非常清晰的是所有事物的形成其实都是不完整的（随时都会因为多重因素之间的综合作用而被再次重塑），只有局部被理解[由于它与隐形领域的（超）复杂性存在某种不可见的关系]，并永远不可能获得最理想化的存在状态（由于自然界在不断变化）。的确，巴别苍穹挑战了完美、永恒以及坚固这些来自于启蒙时代的令人陶醉的想法。因此我们需要重新创造能够容纳灵活空间、建筑设计实践规则的条件以及与生态观念相符的价值，并通过它们去接受并拥抱生活世界中经常出现的超现实现象。巴别苍穹存在于已有的固定类别的舒适区之外，能够接纳那些我们不可避免的，从工业时代继承下来的各种怪物，因此那些我们自己创造的，还没有名字的陌生生物可能与我们共存。

柔性活体性建筑从各种不舒适的、不确定的聚合过程中涌现。它默许已经充满怪诞的生物与自然系统，并且邀请我们尝试从（生物）技术中提取伦理上的世界化过程——那些形成我们生命世界面层的自然生物技术中萃取出来的世界塑造的过程。那些使用这些理论框架的建筑师和设计师不仅是激进的21世纪实验性设计实践的发明者，他们还是空间时间的编排者，他们寻求参与到许多不同种类的生命基质中，这些基质无视惯有的正式审美、功利和形态关系。尽管生态毁灭存在于现实中，在这个不确定的时代柔性活体建筑呼唤着，通过不稳定的居住方式造就出新自然种类。作为一个与自然化世界并行的因素，它的目标是实现巴别苍穹，作为一个持续进行的平行世界建筑项目以及见证——尽管我们的存在自带反复无常的属性——但这并不意味着另辟蹊径以及更具持续性的未来不能被深思熟虑地设计出来。

大潮水（高水位）[Acqua alta (high water)] 是一种具有毁灭性的涨潮现象，偶尔会对威尼斯造成水灾。它们产生的原因是亚得里亚海北部的不寻常波动，它们同时也是造成威尼斯的古建筑腐化的重要原因之一。

触发者（Actant）是一个在一系列事件中扮演积极角色的人，或动物或者是在某个比喻中的物件。

炼金术（Alchemy）是一门中世纪的实践，它的目的是要将物质，尤其是像铅一样的基本金属，转换成为像金子一样的贵金属。它还有另外一个重要的目的就是炼制能够治疗一切疾病的万能药。

人类世（Anthropocene）是一个时代，在这个时代——由于全球工业化的飞速发展——人类所带来的冲击变成了一种改变地面、海洋和气候的地质力量。

末日学说（Apocalyptic literature）是一种对历史悲观的世界观，它提及的一位来自天堂的信使所揭示的末世。

烈性酒（Aqua vitae）是生命的活水。从炼金术的角度来说，它是乙醇的浓缩水溶液，在中世纪和文艺复兴时期，它等同于烈性酒。

湿润建筑（Architecture of wetness）所涵盖的是那些能够将水体的存在和流动包容到建筑当中的材料、科技和手段。

巴别苍穹/生态圈（Babelsphere）是一个不断协同来保持其自身和谐一致的系统。它是为一个城市所设定的理论和实验框架，用于描述一个由相互合作、综合和外交等不稳定的生态原则支撑的矛盾和不完美的城市。典型的情况是，生态系统就是由许多不同元素组成的巴别苍穹，它们与其他与自身相似或不相似的生物协商其生存条件。然而，巴别苍穹也是一座拥有众多人类和非人类居住者的城市，它们日常的互动、综合形成的相互作用力以及灵活空间构成规则持续维持着整座城市的平衡，使这座城市不至于分崩离析。

在世（Being-in-the-world）是马丁·海堤格尔（Heidegger, 1962）所用过的一个术语，它所描述的是一种意识的形态的存在形式，而这些形态和存在之所以能被感受到对方，是因为它们将自己置身于某个特定的物质领域当中。

比尔通（Biltong）是菲利普·K. 迪克（Philip K. Dick）发明的一种外界的生命形式，它们作为某种类似于打印机形式的科技将被未来的社群使用。

生物膜（Biofilm）是微生物细胞的集合体，它们被封闭在细胞外的聚合物基质中，而这些基质将他们结合在一个表面上，使他们粘连在一起。

黑镜（Black mirror）是一个为了形成与众不同的反射所打造的仪器，它出现在一个浅水池的表面，并且由一块黑色表面作为背景。在中世纪，这些仪器被用来占卜或用水晶球占卜，而在现代，它们是引人注目的映射之池，似乎完美地倒转并映射着景观和建筑物。

由下至上系统（Bottom-up system）指的是成分试剂通过涌现，生成比起初预设的所有可能性加起来还要更加复杂的系统。

英国退出欧盟（Brexit）指的是英国正在持续进行的脱欧过程。

无意识物（Brute matter）不含有任何动因或活性特征。这个术语来源于艾萨克·牛顿写给理查德·本特（Richard Bentley）的一封信，信中讨论的是一个（内在的）躯体如何在没有其他非物质的东西调解的情况下"对另一个物体产生作用力"（Newton，2007）。新材料主义者简·贝内特（Jane Bennet）将这个术语所指的物质特性作为'活性'物质的对立面，活性物质有其自身的运作机制（agentized）、具有活力和自主意志并且不受人为干预的控制（Bennett，2010）。

布希里体系（Bütschli system）是奥托·布希里（Otto Bütschli）开发的一个配方，通过在橄榄油田中加入一滴强碱，产生一种简单的、类似变形虫的人工生物体（Bütschli，1892）。

伯吉斯页岩（Burgess Shale）是加拿大落基山脉的一个含化石的地质构造。它所代表的是世界上最为多元化并且保持完好的化石地点之一，所以它提供了一扇观察的窗户，并保存了本身软体的动物，让人能够看到在寒武纪爆炸的最终时刻，当时动物群落的样貌和特征。

寒武纪文艺复兴（Cambrian renaissance）是一个建筑多元化的平行时代，在这个时代，通过在基础的层面对物质和时空编排规则的调整，创造了大量具有颠覆性的多元化建筑类型。

克努特（Canute）是一个丹麦的帝王，同时也是一个令人生畏的维京战士。他所统治的帝国横跨了英格兰，瑞典，挪威和丹麦。同时他也是一个极度自负的人，以至于他居然在阿谀奉承的侍臣的怂恿下，相信自己能够抵挡潮水。

闪灵（Chthonic）与土地以及地下世界有关。

Chthulean是从唐娜·哈拉维（Donna Haraway）的Chthulucene的想法中提取出来的（这与H．P．拉夫克拉夫特的不可名状之恐怖噩梦的拼法不同），指的是某种无法描述（symchthonic）的力量和权力，其中持续性受到威胁。它会呼唤某种触手一般的，能够通达全世界的力量和作用力，收集类似于娜迦、盖亚、Tangaroa坦伽罗亚（波塞冬以外的另一个海神）、泰拉、大地女神（Haniyasu-hime）、蜘蛛女侠、帕查玛玛（Pachamama）、欧雅（Oya）、巨兽（Gorgo）、渡鸦（Raven）、A'akuluujjusi以及更多具有类似名称的事物（Haraway，2015）。

卡努特之城（Cites of Canute）指的是类似于威尼斯和新奥尔良这类坐落在明显具有大量水体区域附近的城市，并建造了巨大的防洪建筑用来抵挡潮水的涌动。

克拉克的格言（Clarke's dictum）所提议的是任何足够先进的文明都无法脱离他们的科学技术（Clarke，1973，p.21）。

隐性生物结壳（Crypto-biotic crusts）是蓝藻、霉菌和其他微生物的复杂群落。

克苏鲁（Cthulhu）是H．P．拉夫克拉夫特所描述的古老旧日支配者。他是一个拥有强大力量的庞然大物，其形象是一个类似于八爪鱼和龙相似的拟人形态。旧日支配者并不完全由血肉组成，他们的形态也并不是由物质构成的。当星象时辰合适的时候，他们可以通过天空从一个世界跨越到另外一个世界，当然如果星象是"错误"的时候，他们就无法生存了。

Curmudgilingus指的是一种为抱怨而抱怨的状态。

笛卡儿的恶魔（Descartes's demon）是由勒内·笛卡儿（René Descartes）在发展研究概念的思维实验中，所想象出来的无比强大的全能人物，他需要做的不仅仅是调查观察和再次寻找，而是更多的搜索，从而可以确定他是被这个诡诈者所欺骗了还是遇到了上帝的真理。

耗散系统（Dissipative systems），也可以被称为耗散结构（asstructures），是热力学层面开放的系统，即处在一种极度不平衡的状态中。它们与周边的媒介不断进行能量和物质的交换。因此它们的特征是能够在匀质化的环境中带来空间的变异。

生态世（Ecocene）是一个正在萌芽期的生态时代，它的目的是要取代人类世（Anthropocene）所带来的对环境的毁灭性影响。

生态变种（Ecophagy）是将一个生态系统吞噬的行为。

Ecopoiesis是指在贫瘠的环境中启动一个能够孕育生命的生态系统的概念。

食用美（Edible beauty）曾经被萨尔瓦多·达利（Salvador Dalí）所观察到，指的是"美丽的事物应该能被食用，或敬而远之"。他把这些属性归结在特定的加泰罗尼亚和巴黎的新艺术建筑之上，称它们具有"恐怖和可食用之美"，特别指的是其具有的某种性质，而这种性质具有某种动能……以至于它会撩起一种巨大而难以压抑的"原始渴望",就像终极的、理想的建筑其实是对超唯物主义的疯狂追求的实质化体现……不只是因为它在材质层面谴责直接需求的暴力物质主义……也是因为它毫不羞耻地暗指这类房屋其具有营养性和可食用性,它们不过是第一批可食用的房屋,是第一批也是唯一一批"性感的"建筑,它们的存在是被肯定的,思绪中含情脉脉的想象是可以有"功能性"开关的——在脑海中产生可以真实地去吃掉欲望对象的冲动(Godoli,1990,p. 45)。而在本书中,可食用所泛指的对象是处在生态层面而不是精神层面的。

电子(Electrons)是一种无重量的带负极的粒子,大批量地综合起来能够产生电。

涌现(Emergence)是一种自发性的现象从而触发复杂系统的建立。在涌现的过程中,秩序逐渐从混沌中形成。

末日(End Times)是圣经中的一个概念,它对目前人类在地球上的系统给出了一个结论。它们与饥荒、地震、生态破坏和道德沦丧等灾难有关。这些迹象预示着世界末日的到来。

Engastrulation是一种极度铺张阔绰的菜谱,代表作是roti sanspareil:一道无与伦比的烤肉,这道菜需要把一系列不同大小的兽类动物煮熟后塞进体内。

熵值(Entropy)是一个系统混乱度的衡量方式。混乱度越高,系统的熵值就越高。可逆的过程不会增加宇宙的熵值,而不可逆的系统则会。

实验性建筑(Experimental architecture)是一个跨学科的平行世界实践。它会生成灵活地编排时空的规则,可以让焦点从传统建筑固态的、单纯的造型设计视角中挪开,从而转到更为深入的、动态的原型创造中。

远离平衡(Far from equilibrium)指由于外部能量或物质源的输入而随时间不断变化的系统状态。该术语由Ilya Prigogine在20世纪70年代提出,并以Bénard细胞为模型。

Fondamenta的意思是指除了格兰德运河和潟湖以外的一条平行于河道的街道(在这种情况下,它们被称为riva),并且它们被用作建筑施工的基础。

Geostory是一个非人类的叙事结构,而这个结构穿越了地壳板块,陨石撞击以及冰河世纪(Latour,2013)。

土工布(Geotextile)是一种具有渗透性的面料材质,其作用与泥土相关。它可以改变地质的自然属性比如加强水的渗透,加固整体性或者防止不同层次/地层之间的融合。

幽灵细胞(Ghost cells)是指从一个细胞核被挖出后的活体细胞残存中所获得的一道或者一袋袋细胞质。它们可以被用于合成生物应用中,用来"启动"基因合成程序的公式。这种技术曾被广为人知地用在世界第一个人造基因组当中,这个基因组的名字叫Synthia。

傀儡(Golem)一词来源于希伯来语的"gelem"(מלג),意思是"原材料"。它指的是一个由人类所塑造的被操控的事物,它完全由无生命的物质所组成,而赋予其生命的则是某种神秘的过程,而这些过程可能会引出神所不为人知的名字。

戈尔迪乌姆结(Gordian knot)是一种"不可能"的几何形态,是马其顿的亚历山大率军进入波斯时得到的,也被用来比喻只要大胆行动就能解决的难题。

大解剖(Great Dissections)指的是通过系统性的分化以及对不同部件的归类,对整个人类身体所有方面的分析。最新的大解剖实验就是对人类基因组的序列分析,这是在2003年,由国家人类基因组研究所(National Human Genome Research Institute,NHRGI),还有能源部(Department of Energy,DOE)以及他们在国际人类基因组序列联盟(International Human Genome Sequencing Consortium)的合伙人联合公布的。

闹鬼(Haunting)指的是一个持续占据或者频繁出现的空间。

赫拉克利特的独白(Heraclitus's dictum)指出生命是不断变化的——"没有一个相同的人会踏过相同的河流两次,因为河流已经有所改变,而人本身也有所改变。"

同源盒基因(Homeobox genes)是一个由类似基因组成的大家族,在胚胎发育早期指导许多身体结构的形成。Homeobox是一个参与调节动物、真菌和植物的形态发生模式的DNA序列。

水平耦合（Horizontal coupling）是指所有尺度的物质都倾向于通过微弱的相互作用形成关系，因此实际上不存在自上而下或自下而上的等级排序，而是集合体之间的不断协商。

超体（Hyperbodies）是和谐但其实高度扰动的物体，由众多的参与因素而成，比如泥土，城市和沙云，而这些也是超-物体中的子集（Morton，2013）。

超复杂性（Hypercomplexity）是一种组织性的状况，这种状况是建立在复杂性原则上的，即更高程度的秩序可以由系统中部件的互动而产生。这种现象通过规模、异质性、分布以及能够转换自身周边的环境的能力，完全超越了传统认知对复杂系统的理解。

形式质料说（Hylomorphism）是一个由亚里士多德开发出来的哲学理论，这个理论会将任何物理的物体看作物质和形式的复合物。

模仿游戏（Imitation game）是一个由艾伦·图灵发明的测试。它的用处是将一个超复杂系统与另外一个系统进行对比，并基于观察者过往的经验估算它们之间的区别。这套测试被普遍称为图灵测试，它可以将人类的智能与人工智能进行对比并进行评估。

大型强子对撞机（Large Hadron Collider）是一台庞大的高能粒子加速器，它的布局呈圆圈状，并且圆周长有27公里。它由许多实验综合体组成，这些综合体被分配给各种实验，即阿特拉斯（观察大规模粒子）、CMS（通用粒子探测器）、ALICE（研究重离子）和LHCb（通过研究一种被称为"美夸克"的粒子，研究物质和反物质之间的微小差异）。

莱杜克细胞（Leduc cells）：当氯化钙晶体加入到碳酸氢钠的稀溶液时，就会产生莱杜克细胞。晶体晶格周围会形成一层薄薄的碳酸钙外壳。

李四光环（Liesegang rings）是一种特殊类型的化学模式，由弱溶性盐通过凝胶等多孔基质的密度波动引起。盐类周期性地形成沉淀物，通常以一系列带状物的形式沉积。

活体物质（Lively matter）具有生物的某些特征［比如病毒、特劳伯细胞（Traube Cell）、布希里（Bütschli）液滴、晶体生长等］，但不一定具有真正"活"物的完全状态。它所考虑的是远离平衡状态的物质，具有自身能量和运作机制的物质。它们的现象和支配力通过一系列跨学科的解读后被理解为一种新材质主义，这种新材质主义"对人类中心主义"进行批判并且通过对人体当中非人性质的力量进行掌控，对"人的主观能动性"进行重新思考。它们强调的是少数非人类过程的自组织力量，探索那些过程与文化实践之间无法调和的关系，重新思考道德的基准，并且对行星层面思考的需求进行称颂，同时将这个尺度的影响更积极并更频繁地纳入到全球范围、洲际之间以及州范围内的政策考量当中（Connolly，2013）。

活体砖（Living bricks）是矿物建筑元素的原型，这些砖具有一些活体物质的属性。

活体石（Living stones）是具有一些活体系统属性的建筑元素，但它们并没有被赋予完整的生命以及完全的生命形态。它们具有高度的场地特指性质，并且自身就能体现所处的自然界属性。在威尼斯城，它们则呈现为粘附在砖头上并滴落在生物混凝土上的生物污染。而其他活体石头的案例则作为trovants存在于罗纳尼亚，它们能够靠着吸收水的自然属性（所带来的能量）进行移动。

活性科技（Living technology）的基础是生命强大的核心特质，它未必有完全"活过来"的完全生命特征，但却包含了能够像生命一般进行活动的，具有回应性的材料和仪器。

鳉鱼（Medaka fish）被称为日本米鱼，并且自江户时代（1603—1868年）就被当作宠物进行养殖。在1900年早期，它们对遗传学做出了贡献。鳉鱼是最早被发现遵循孟德尔遗传定律的脊椎动物，该定律解释了不同的性状是如何世代相传的。1994年，鳉鱼成为第一个在太空中发生性行为和繁殖的脊椎动物。雄鱼和雌鱼乘坐"哥伦比亚"号航天飞机前往地球轨道，在轨道上交配，并生下正常的婴儿，这一切都在失重的环境中进行。在国际空间站的"木波"舱上有一个专门的舱室供它们居住。日本航天局建造的水生栖息地中，正在对鳉鱼进行研究，以了解微重力的影响（Hooper，2015）。

水母类（Medusae）是一种在水母生命周期中的自由游动生物。它们具有钟的形状，在靠中心的嘴部附近挂有大量的触手，这嘴同时也是肛门。

微生物组（Microbiome）是一个微生物的群体，比如细菌，真菌、古菌和病毒，这些群体居住在我们身体之内，尤其是肠道之中。

微观地理学（Micro-geography）是一个由西蒙·帕克（Simon Park）所设立的术语；它存在于建筑与微观环境的互动当中，它的形成源自于微生物群体通过对凹陷区域的特定占据方式，从而形成的对建筑表面肌理进行沾染（Park，2012c）。

调酒术（Mixology）是一个用于形容鸡尾酒制作技艺的术语。在本书中，它被更广泛地应用于推断将多种成分结合在一起以达到精致效果的娴熟艺术，它也不被认为是一种纯粹的人类实践，而是一种生态炼金术。

现代合成（Modern synthesis）是一个进化理论，它采取的是一种渐进主义者崇尚变革的观点，而这种观点也可由机械论的科技而变得可行。

分子决策（Molecular decision-making）当物质达到稳定或稳态排列之前探索原子构型的过渡状态时，分子决策就会发生。

怪物（Monster）是一个生物，但它的存在逻辑超出了已有生物系统分类的界定。

形态生成（Morphogenesis）指的是能够主导一个生物的整体形象背后的原子层面结构的发展过程。

MOSE，意大利语中的Moses，是Modulo Sperimentale Eletromeccanica（实验机电模块）项目的首字母缩写。该项目在威尼斯潟湖安装了一系列78个液压闸门，以防止破坏性的高潮或洪水。这个名字同时也隐喻着圣经中摩西为了保证他的人民能够安全跨越红海，从而将海水分开的故事。

多元宇宙（Multiverse）是一个整合的物理存在物，其中含有不止一个宇宙（Deutsch，2012，p. 194）。它的起源来自于一个叫作永远膨胀的理论，这个理论描述的是在宇宙大爆炸不久之后，时空在不同的地方会以不同的频率进行扩张。因此这样就会产生不同的多元宇宙，每一个宇宙都有其自身独立的物理定律。

临岸（Near-shore）指的是当海浪变得陡峭并产生停顿的地方，但同时也是海浪在冲向海岸前的最后一次停顿的区域。在这个区域，大量的沉积物会汇集于此，无论是沿着海岸和垂直于海岸。

Necrobiome指的是在一个死亡的躯体上寄生的细菌群体。

核苷酸（Nucleotides）是DNA和RNA的基本结构单元和构件，是地球上所有生命形式的基本生物分子。每一个核苷酸单位都共价连接在一起，形成一条链。它们由三部分组成：一个五面糖（戊糖）、一个磷酸基团和一个含氮碱基。

海洋本体论（Oceanic ontologies）提供了一种开启有关于躯体和物质话题的方式，而这具躯体和物质则处在持续涌动的状态中，比如海洋的性质其实就例外于传统的系统分类之外。这种本体论产生的则是一系列地图而不是概念和理论（Lee，2011）。

生命之源（Origin of life）是一套材质事件的光谱，它所呈现的是从无生命到有生命物质的形体转变过程。在这个定义中不明确的是，我们今天所认识的生命特质并不来源于光谱中的任何一个特定的时段，而是通过一系列持续的事件所产生的条件，才产生了生命的雏形。最初的原始生命物质，从生物学严格的角度来说很可能并不能算作"生命"。一系列由类似于DNA这样的中心代码所控制的特征，会将上述的现象进行体现；最初的生命形式的基本单元（细胞）被细胞壁所包裹，它有能力进行复杂的化学交流，而这种交流被称为新陈代谢。

渗透结构（Osmotic structures）是一个由于大量进水而产生的结构增生，这个增生产生的原因是内部压力导致突然的结构膨胀或生长（Leduc，1911）。

平行存在（Parallel）模式（身体，宇宙，等）是一种可能存在的现实的表现形式，在这种模式中存在一定程度的自由，因此除了当今对物质、时间和空间的理解以外的其他选择可以从系统内部解锁。

平行方法论（Parallel methodologies）是指对平行世界进行原型设计、想象和实现的方法系统。

寄生建筑（Parasite architecture）是一种以机会主义的方式利用现有建筑的结构，往往以某种方式附着在建筑上。

帕塔物理学（Pataphysics）指的是阿尔弗雷德·贾里的想象解决方案的科学，在试图给它下定义的过程中，它面临着它所拒绝的澄清和还原的风险。然而，它并不是不连贯的，而是一个非常有说服力的利用和思想体系，在这里，矛盾和特殊的东西被交织在它的结构中。它可能永远不会被理解，这也许就是它经常被误解的原因（Hugill，2015，p. xiv）。

*Piscine*是那些将曾经为河道或者湿地的区域，用随时填充并填平而形成的人行街道。

塑料生物圈（Plastisphere）是指在所有海洋塑料碎片的外面长出一层薄薄的生命层（生物膜）的微生物群落。

子孙，幼苗（Progeny）指的是一个动物、人或者植物的后代。

原生动物（Protist）是一个简单的、最单元化的细胞，但也存在繁育的形式，这种形式由许多相似的细胞组成。

质子（Protons）是原子内部更小的粒子，存在于每个原子的原子核之中。它们具有正向的电极，而其电极的数量刚好等于同等数量电子所含有的负极。

原珍珠（Proto-pearls）是能够产生生物形态的晶体酥皮的动态油性滴液。它们是被用在未来威尼斯项目中的"人造细胞"。

(re) 在此书中被反复使用于引出某种模糊性。它请求读者去思考某些事情是否只是第一次发生，还是一种可进化的过程环节中产生的另类结果，这些结果可能随着事件的每个周期而不同。

定性计算（Qualitative computing）是一种处理无理数的符号计算形式，而它们无法完全被彼此相除，因此其结果会呈现出无限延伸。Francoise Chatelin认为这种密码比实数或有理数更接近自然计算的方式（Chatelin，2012）。

雷利–贝纳德对流池（Rayleigh–Bénard convection cells）是一种动态的物质形态，它是由流体冷热场之间存在的表面张力和差值的复杂变化而产生的，而这种反应则会产生类—细胞的边界并且形成一个气流化的"内部世界"。

节奏分析（Rhythmanalysis）是一个亨利·勒菲弗尔（Henri Lefebvre）所使用的术语，指的是城市空间的迭代，以及迭代给其居住者所带来的影响（Lefebvre，2013）。

皂化（Saponification）是一个肥皂制作的过程。它是指在油类（长链脂肪酸）中加入强碱后发生酯类的碱性水解，从而转化为肥皂和甘油的过程。

窥探（Scrying）是一种占卜或者预测未来事件的形式，而它的理论基础则是对符号的解读，这些符号会出现在类似于水晶球或者黑镜一般物体的反射面上。

感性面料（Sensible fabrics）是一种高度错综复杂的材料，比如泥土，它会对外部环境的改变极其敏感，并会因此改变自身的特性。

超级土壤（Supersoils）是一种人造的有机织物，它会增进泥土在环境中的性能或者会在地底产生新的新陈代谢过程。

共生论（Symbiogenesis）是一种物种之间的合作增加其生存的理论，它是由Lynn Margulis通过微生物学证据所倡导和正式的"内共生理论"。这些提出三个基本的真核细胞器都曾经是自由生活的原核细胞，后来被宿主吞噬和同化，并整合到宿主的结构中，以及线粒体、光合色素体和鞭毛（9+2）的基体（Sagan，1967）。

柔性（Soft）科技可以动态地回应自身所在的周边环境并具有类似生命的特性，比如运动、生长、感知以及人口级别数量和尺度的交互等生命特征。

声波漫步（Sound walks）是用二进制系统以及DAT录音机所制作的声音记录，其沿着研究者特别感兴趣的城市形态的不同路线进行。对收集到的数据进行分析，将其作为构成声音景观的代表，以揭示一个地方的声学信息。

随机（Stochastic）过程会将随机可能性的分布或者图案进行统计学分析，但却不能对其进行精准的预测。

人造自然（Subnatures）是没有规律的城市结构，比如烟雾、灰尘和杂草，这些会对城市景观的设计保有还原主义和自然主义的观点形成挑战的城市元素。它们的存在会激发一种对立的态度、去探索建筑最极端的概念以及自然的另类形态（Gissen，2009）。

超级有机体（Superorganism）是一组具有高度协同性的相互作用的，并且还是同一物种的有机体。

超级泥土（Supersoils）是一种活性的、人造的、高度复杂的地质编制物，它既可以增进泥土在环境中的性能，同时也会将其转变成为适合居住的空间。

超分子化学（Supramolecular chemistry）是分子联合作用的化学，与分子化学不同，分子化学涉及原子的共价键合，因为它涉及由两种或多种化学物质的结合形成产生实体结构和功能的分子间键。

可持续性（Sustainability）是一种旨在通过不损害环境或消耗自然资源来支持生态平衡的方法。这是一种适度的声明，侧重于满足当今的需求，同时又不损害后代满足其需求的能力。

Thinging是一种海迪格尔式的概念，意指事物（一个物件或者抽象概念）自身包含一个世界。

由上至下系统（Top-down system）是指它的产出结果往往都是预设的，并且等于其所有部件的总和。

特劳伯细胞（Traube cells）是通过将蓝色菱形硫酸铜（Ⅱ）晶体置于六氰基铁酸钾弱溶液（0.1 M）中形成的，将晶体转化为深褐色的半透膜，外观不规则，就像海藻一样（Traube，1867）。

特罗万特（Trovant）是一个具有石芯但是外表面是沙子的岩石。在大雨过后，它有可能会由于水压的作用而移动，同时小型的石子会从大块的石头中冒出，因此也被人称为生长石。

图灵测试（Turing test）（详见模仿游戏）

乌托邦（Utopia）是托马斯·莫尔（Thomas More）在1516年构想的一个虚构的城市。在那里，一个理想化的社区按照特定意识形态的主导原则可持续和谐地生活。它是一种决定论的城市观，在整个现代社会中，它被当作一个劳动国家的现实蓝图。

生命论（Vitalism）将生命的本质描述为源于一种"生命力"，一种赋予生命的力量，这种力量注入物质，使物质变得有活力。它是生物体所特有的，不同于生物体外的所有其他力量。

生命发生（Vivogenesis）是一个过程，其产生的结果是可持续的类生命现象，而这种现象并不一定要具备生物的特性和内在逻辑。

湿打印（Wet printing）是一个在液体介质中形成结构的过程。

世界化（Worlding）是一个在世界中持续生成事物的过程。它并不是一个绝对清晰的概念，而是指我们影响和占据我们所居住环境的方式，以及与其的复杂对话过程。它的多样性和组合性永远不会持续，但也不会结束。这个术语第一次被广为人知是源自于海德格尔的《存在与时间》（Heidegger，1962）。它将名词（世界）改成了一个主动动词（世界化），指的是世界的创造，演化和涌现，其实是一个紧迫且不断生成的过程。

参考文献

Adamatzky, A. and De Lacy Costello, B. (2002), 'Experimental logical gates in a reaction-diffusion medium: The XOR gate and beyond', *Physical Review E*, 66(4), 046112. doi:10.1103/PhysRevE.66.046112.

Adamatzky, A. and De Lacy Costello, B. (2003), 'Reaction-diffusion path planning in a hybrid chemical and cellular-automaton processors', *Chaos, Solitons and Fractals*, 16: 727–36.

Adamatzky, A., De Lacy Costello, B. and Asai, T. (2005), *Reaction-Diffusion Computers*, London: Elsevier Science.

Adamatzky, A., Bull, L., De Lacy Costello, B., Stepney, S. and Teuscher, C. (2007), *Unconventional Computing*, Beckington, UK: Luniver Press.

Adamatzky, A., Armstrong, R., Jones, J. and Gunji, Y.P. (2013), 'On creativity of slime mould', *International Journal of General Systems*, 42: 441–57.

Adams, D. (1995), *The Hitch Hiker's Guide to the Galaxy: A Trilogy in Five Parts*, London: William Heinemann.

Ades, D., Cox, N. and Hopkins, D. (1999), *Marcel Duchamp*. London: Thames & Hudson.

Ahroni, R. (1977), 'The Gog prophecy and the Book of Ezekiel', *HAR*, 1, 1–27.

Al-Khalili, J. and McFadden, J. (2014), *Life on the Edge: The Coming Age of Quantum Biology*, New York: Crown Publishers.

Archinet (2012), Drawing architecture – Conversation with Perry Kulper, *Archinet News*, 5 August [online]. Available at: http://archinect.com/news/article/54767042/drawing-architecture-conversation-with-perry-kulper [Accessed 27 October 2016].

Armstrong, R. (1996), 'The body as an architectural space – From lips to anus (the gastrointestinal tract as a site for redesigning and development)', *Architectural Design*, 123: 86.

Armstrong, R. (2013), 'Coming to terms with synthetic biology', *Volume Magazine*, 35: 110–17.

Armstrong, R. (2015), *Vibrant Architecture: Matter as a Codesigner of Living Structures*, Berlin: Degruyter Open.

Armstrong, R. (2016a), *Star Ark: A Living, Self-sustaining Worldship*, Chichester, UK: Springer/Praxis.

Armstrong, R. (2016b), 'The oceanic pedagogical sketchbook of multi-materiality', in K. Grigoriadis (ed.), *Mixed Matters: A Multi-material Design Compendium*, Berlin: Jovis Verlag GmbH.

Armstrong, R. (2017), One Tuesday in 2067. Sophia's experiences in her liquid world. 50 years of Bosch, *BSH Hausgeräte GmbH* [online]. Available at: https://www.bsh-group.com/company/experts-visions-future-2067/rachel-amstrong [Accessed 26 December 2017].

Armstrong, R. (2018), *Origamy*, Alconbury Weston: NewCon Press.

Armstrong, R. (In press), *Liquid Life: On Non-linear Materiality*, New York: Punctum Books.

Armstrong, R. and Beesley, P. (2011), 'Soil and protoplasm: The Hylozoic Ground project', *Architectural Design*, 81(2): 78–89.

Armstrong, R., Ferracina, S. and Hughes, R. (2017), 'A new wall for the 21st century', *Architectural Review*, 19 April [online]. Available at: https://www.architectural-review.com/rethink/a-wall-for-the-21st-century-trumps-wall-should-be-a-porous-shape-shifting-invitation/10019185.article [Accessed 2 May 2017].

Armstrong, R. and Hughes, R. (2016a), Obonjan outline of talk series, private correspondence of undeveloped project work.

Armstrong, R. and Hughes, R. (2016b), 'Falling/Catching: Onwards (Radical Love)', in R. Armstrong, R. Hughes and E. Gangvik (eds), *The Handbook of the Unknowable*, Trondheim: TEKS.

Armstrong, R. and Hughes, R. (2017), Radical Love, Radical Circus, 21 January, Uppsala Concert & Congress, Uppsala, Sweden [online]. Available at: http://www.ukk.se/konserter/kalendarium/2017/radical-love-21-januari/ [in Swedish] [Accessed 23 January 2017].

Armstrong, R. and Hughes, R. (2016), 'Persephone', *JOUST*, 3(1): 28–38.

Armstrong, R. and Hughes, R. (in press-a), 'The art of experiment', in Tine Noergaard and Nanna Gro Henningsen (eds.), *Writing and Architecture* (Åarhus School of Architecture) (College of Engineering, University of Puerto Rico).

Armstrong, R., Hughes, R. and Gangvik, E. (2016), *The Handbook of the Unknowable*, Trondheim: TEKS.

Artaud, A. (1958), *The Theatre and Its Double*, New York: Grove Press.

Bachelard, G. (1994), *The Poetics of Space*, Boston: Beacon Press.

Bacon, F. (2009), *The New Atlantis*, Online. Luxembourg: Createspace Independent Publishing Platform.

Ballantyne, A. (2015), *John Ruskin*, London: Reaktion Books.

BBC News (2016), Europe migrant crisis: Razor wire fence failing in Hungary. 21 February [online]. Available at: http://www.bbc.co.uk/news/world-europe-35624118 [Accessed 26 August 2016].

Beer, S. (1960), 'Towards the automatic factory', in H. Von Foerster and G. Zopf (eds), *Principles of self-organization: Transactions of the University of Illinois Symposium on Self-Organization, Robert Allerton Park, 8 and 9 June*, New York: Pergamon, 5.

Belousov, B.P. (1959), A periodic reaction and its mechanism, *Compilation of Abstracts on Radiation Medicine*, 147, p. 145.

Benjamin, W. (1999), *The Arcades Project*, Cambridge, MA: Harvard University Press.

Benjamin, W. (2002), *Selected Writings*, in Walter Benjamin (ed.), *Volume 3. 1935–1938*, Cambridge: The Belknap Press of Harvard University Press.

Bennett, J. (2010), *Vibrant Matter: A Political Ecology of Things*, Durham, NC: Duke University Press.

Betsky, A. (2015), Experimental architecture emerged to question postmodernism's jokes, *Dezeen*, 6 August [online]. Available at: http://www.dezeen.com/2015/08/06/aaron-betsky-opinion-experimental-architecture-question-postmodernism-jokes/ [Accessed 16 October 2016].

Betsky, A. (2016), "Let's hear it for temporary architecture". Dezeen. 29 March [online]. Available at: https://www.dezeen.com/2016/03/29/aaron-betsky-opinion-temporary-pavilions-lessons-for-permanent-architecture/ [Accessed 17 March 2018].

Bitbol, M. (1996), *Schrödinger's Philosophy of Quantum Mechanics*, Dordrecht: Kluwer.

Blake, T. (2013), Bruno Latour's post-human Gaians: The 'Earthbound' (Lecture 5), 27 February [online]. Available at: https://terenceblake.wordpress. com/2013/02/27/bruno-latours-post-human-gaians-the-earthbound-lecture-5/ [Accessed 19 November 2016].

Bohm, D.J. (1980), *Wholeness and the Implicate Order*, London: Routledge.

Bohr, N. (2011), *Atomic Theory and the Description of Nature: Four Essays with an Introductory Survey*, Cambridge: Cambridge University Press.

Borges, J.L. (2000), 'Tlön, Uqbar, Orbis Tertius', in J.L. Borges ed., *Labyrinths*, London: Penguin Modern Classics.

Bütschli, O. (1892), *Untersuchungen ueber microscopische Schaume und das Protoplasma*, Leipzig.

Cairns, S. and Jacobs, J.M. (2014), *Buildings Must Die: A Perverse View of Architecture*, Cambridge, MA: MIT Press.

Cairns-Smith, A.G. (1987), *Genetic Takeover and the Mineral Origins of Life*, Cambridge: Cambridge University Press.

Callaway, E. (2013), Gold-digging bacterium makes precious particles, *Nature News & Comment*, doi:10.1038/nature.2013.12352, 3 February [online]. Available at: http://www.nature.com/news/gold-digging-bacterium-makes-precious-particles-1.12352 [Accessed 28 December 2016].

Calvino, I. (1973), *The Castle of Crossed Destinies*, New York: Harvest/HBJ Books.

Calvino, I. (1997), *Invisible Cities*, London: Vintage Classics.

Carrington, L. (1988), 'As they rode along the edge', in L. Carrington (ed.), *The Seventh Horse and Other Tales*, New York: Dutton Obelisk Books.

Ceballos, G., Ehrlich, P.R., Barnoskly, A.D., Garcia, A., Pringle, R.M. and Palmer, T. (2015), 'Accelerated modern human-induced species losses: Entering the sixth mass extinction', *Science Advances*, 1(5), doi: 10.1126/sciadv.1400253.

Chalk, W. (1994), 'Hardware of a new world', in T. Stoos (ed.), *A Guide to Archigram: 1961–74*, London: Academy Editions.

Chard, N. (1999–2016), The Bartlett School of Architecture, UCL [online]. Available at: https://www.bartlett.ucl.ac.uk/architecture/programmes/mphil-phd-studentwork/nat-chard [Accessed 27 October 2016].

Chatelin, F. (2012), *Qualitative Computing: A Computational Journey into Nonlinearity*, Singapore: World Scientific.

Clarke, A.C. (1973), *Profiles of the Future*, New York: Harper & Row.

CNAC (2005–2016), Centre national des arts du cirque [online]. Available at: http://www.cnac.tv/cnactv-350-Video_Benoit_Fauchier [Accessed 10 February 2017].

Comfort, N. (2016), The primordial fertility of rock: The chemistry of life is an extension of the chemistry of the earth. *Astrobiology*, December [online]. Available at: http://cosmos.nautil.us/short/79/the-primordial-fertility-of-rock [Accessed 4 December 2017].

Connolly, W. (2013), 'The new materialism and the fragility of things', *Millennium: Journal of International Studies*, 41(3), 399–412.

Connor, S. (2009), Michel Serres: The hard and the soft, talk given at the centre for modern studies, University of York, 26 November 2009 [online]. Available at: http://stevenconnor.com/hardsoft/hardsoft.pdf [Accessed 10 September 2016].

Cook, P. (1970), *Experimental Architecture*, New York: Universe Books.

Cook, P. and Hunter, W. (2013), Interview: Smout Allen, *The Architectural Review*, 26 April [online]. Available at: https://www.architectural-review.com/rethink/interview-smout-allen/8646894.article [Accessed 17 March 2017].

Cronin, L., Krasnogor, N., Davis, B.G., Alexander, C., Robertson, N., Steinke, J.H.G., Schroeder, S.L.M., Khlobystov, A.N., Cooper, G., Gardner, P.M., Siepmann, P., Whitaker, B.J. and Marsh, D (2006), 'The imitation game – A computational chemical approach to recognizing life', *Nature Biotechnology*, 24: 1203–06.

Cronon, W. and Oslund, K. (2011), *Iceland Imagined: Nature, Culture and Storytelling in the North Atlantic*, Seattle: University of Washington Press.

Csikszentmihalyi, M. (2013), *Creativity: The Psychology of Discovery and Invention*, New York: First Harper Perennial.

Dade-Robertson, M. (2016), The cities of the future could be built by microbes, *The Conversation*, 8 August [online]. Available at: https://theconversation.com/the-cities-of-the-future-could-be-built-by-microbes-63545 [Accessed 27 December 2016].

Darwin, C. (1842), *Coral Reefs. Being the First Part of the Geology of the Voyage of the Beagle under the Command of Capt. Fitzroy, R.N. during the Years 1832–1836*, London: Smith, Elder and Co.

Darwin, C. (2006), *On the Origin of Species by Means of Natural Selection or the Preservation of Favoured Races in the Struggle for Life*, New York: Dover Publications.

Darwin, C. (2007), *The Formation of Vegetable Mould through the Action of Worms*, Fairford: The Echo Library.

DeLanda, M. (2002), *Intensive Science and Virtual Philosophy*, London: Continuum.

De Marzio, M., Camiscasca, G., Conde, M.M., Rovere, M. and Gallo, P. (2017), 'Structural properties and fragile to strong transition in confined water', *Journal of Chemical Physics*, 146, doi: http://dx.doi.org/10.1063/1.4975624.

Deutsch, D. (2012), *The Beginning of Infinity: Explanations that Transform the World*, London: Penguin Books.

Dezeen (2016), Carlo Ratti's Office 3.0 uses Internet of Things to create personalized environments, 3 June [online]. Available at: http://www.dezeen.com/2016/06/03/office-3-0-carlo-ratti-internet-of-things-personalised-environments-turin-italy/ [Accessed 9 October 2016].

Dick, P.K. (1991), 'Pay for the Printer', in Philip K. Dick (ed.), *Second Variety: The collected stories of Philip K. Dick, Volume III*, New York: Citadel Twilight, 239–52.

DOCAM (1997–2002), Embryological House, Greg Lynn, Documentation and conservation of the media arts heritage [online]. Available at: http://www.docam.ca/en/component/content/article/106-embryological-house-greg-lynn.html [Accessed 7 March 2017].

Doctorow, C. (2012), Game of life with floating point operations: Beautiful smooth life. *Boing Boing*, 11 October [online]. Available at: http://boingboing.net/2012/10/11/game-of-life-with-floating-poi.html [Accessed 20 October 2016].

Donnici, S., Serandrei-Barbero, R., Bini, C., Bonardi, M. and Lezziero, A. (2011), 'The caranto paleosol and its role in the early urbanization of Venice,' *Geoarchaeology*, 26(4), 514–43.

Doyle, A.C. (1930), *The Edge of the Unknown*, New York: G.P. Putnam's Sons, Print.

Durack, T. (2007), *1001 Foods: The Greatest Gastronomic Sensations on Earth*, The London: Madison Press.

Durozoi, G. (2005), *History of the Surrealist Movement*, Chicago: University of Chicago Press.

Eagleman, D. (2009), *Sum: Forty Tales from the Afterlives*, Edinburgh: Canongate Books.

Epstein, R. (2016), The empty brain, *Aeon*, 18 May [online]. Available at: https://aeon.co/essays/your-brain-does-not-process-information-and-it-is-not-a-computer [Accessed 14 March 2017].

Eveleth, R. (2011), Artist paints lichens on NYC buildings, *Scientific American*, 29 November [online]. Available at: http://blogs.scientificamerican.com/observations/its-a-bird-its-a-plane-no-its-reindeer-chow-a-n-y-c-artist-uses-lichen-as-paint/ [Accessed 23 August 2016].

FedBizOpps.gov (2017), Design-Build-Structure. Solicitation Number: 2017-JC-RT-001. 24 February [online]. Available at: https://www.fbo.gov/?id=e0473479ed9cd913f4aef4bf8dc20175 [Accessed 7 March 2017].

Fei, A.T. (2002), *Venetian Legends and Ghost Stories: A Guide to Places of Mystery in Venice*, Treviso: Elzeviro.

Flynn, E, Hyams, R., Kerrigan, C. and Rengifo, M. (2016), 'Starship cities: A living architecture', in R. Armstrong (ed.), *Star Ark: A Living, Self-sustaining Spaceship*, Chichester, UK: Springer/Praxis, 296–322.

Ford, J. (2015), Urine powered fuel cells are set to light up refugee camps, *The Engineer*, 5 March [online]. Available at: https://www.theengineer.co.uk/issues/march-2015-online/urine-powered-fuel-cells-are-set-to-light-up-refugee-camps/ [Accessed 26 August 2016].

Foscari, G. (2015), *Building Elements of Venice*, Zurich: Lars Müller Publishers.

Fredrickson, T. (2015), Philippe Rahm constructs atmospheres with meteorological conditions, *designboom*, January 8 [online]. Available at: https://www.designboom.com/architecture/philippe-rahm-constructed-atmospheres-01-08-2014/ [Accessed 17 March 2018].

Füchslin, R.M., Dzyakanchuk, A., Flumini, D., Hauser, H., Luchsinger, R.H., Reller, B., Scheidegger, S. and Walker, R. (2013), 'Morphological computation and morphological control: Steps toward a formal theory and applications,' *Artificial Life*, 19(1): 9–34.

Gabler, N. (2016), Farewell, America, *Billmoyers.com*, 10 November [online]. Available at: http://billmoyers.com/story/farewell-america/ [Accessed 1 January 2017].

Gánti, T. (2003), *The Principles of Life*, New York: Oxford University Press.

Gardner, M. (1970), 'The fantastic combinations of John Conway's new solitaire game 'life', *Scientific American*, 223: 120–23.

Gavin, F. (2016), Captiva: The island that changed Rauschenberg and 20th century art, Culture, *Europe Newsweek*, 13 November [online]. Available at: http://europe.newsweek.com/captiva-robert-rauschenberg-art-tate-modern-520360?rm=eu [Accessed 16 December 2016].

Geiger, J. (2016), 'Alive without us', in: R. Armstrong (ed.), *Star Ark: A Living, Self-sustaining Spaceship*, Chichester, UK: Springer/PRAXIS, 423–24.

Gill, V. and Venter, C. (2010), The creation of 'Synthia': Synthetic life, *The Naked Scientists*, 23 May [online]. Available at: https://www.thenakedscientists.com/articles/interviews/creation-synthia-synthetic-life [Accessed 10 February 2017].

Gissen, D. (2009), *Subnature: Architecture's other environments*, New York: Princeton Architectural Press.

Godoli, E. (1990), 'A terrifying and edible beauty' (art Nouveau Architecture in Latin European Countries), *UNESCO Courier*, August, 44–45.

Gordillo, G. (2014), 'The oceanic void', *Space and Politics*, 3 April [online]. Available at: http://spaceandpolitics.blogspot.co.uk/2014/04/the-oceanic-void.html [Accessed 18 September 2016].

Gould, S.J. (1989), *Wonderful Life: The Burgess Shale and the Nature of History*, New York: W.W. Norton & Company.

Gould, S.J. (1981), *The Mismeasure of Man*, New York: W.W. Norton & Company.

Grachev, G. (2006), Stones are living creatures that breathe and move, *Pravdareport*, 12 July [online]. Available at: http://www.pravdareport.com/science/earth/12-07-2006/83225-stones-0/#sthash.TC5tTlz1.dpuf [Accessed 24 August 2016].

Guy, A. (2011), Growing a Crystal Chair, *Next Nature*, 30 August [online]. Available at: https://www.nextnature.net/2011/08/growing-a-crystal-chair/ [Accessed 25 August 2016].

Hanczyc, M.M. (2011), 'Structure and the Synthesis of Life', *Architectural Design*, 81(2): 26–33.

Hanczyc, M.M., Fujikawa, S.M. and Szostak, J.W. (2003), 'Experimental models of primitive cellular compartments: Encapsulation, growth and division', *Science*, 302: 618–22.

Haraway, D. (1991), 'A cyborg manifesto: Science, technology and socialist-feminism in the late twentieth century', in Donna Haraway (ed.) *Simians, Cyborg and Women: The Reinvention of Nature*, New York: Routledge, 149–81.

Haraway, D. (2011), SF: Science Fiction, Speculative Fabulation, String Figures, So Far. Acceptance comments, Pilgrim Award, actually in California, virtually in Lublin, Poland, at the SFRA meetings, 7 July [online]. Available at: https://people.ucsc.edu/~haraway/Files/PilgrimAcceptanceHaraway.pdf [Accessed 12 September 2016].

Haraway, D. (2013), SF: Science fiction, speculative fabulation, string figures, so far, *Ada: A Journal of Gender, New Media, and Technology*, (3) [online]. Available at: doi:10.7264/N3KH0K81 [Accessed 14 September 2016].

Haraway, D. (2015), 'Anthropocene, Capitalocene, Plantationocene, Chthulucene: Making kin', *Environmental Humanities*, 6: 159–65.

Harman, G. (2010), 'Ferris Wheel', in G. Harman (ed.), *Circus Philosophicus*, Hants: O-Books.

Heidegger, M. (1962), *Being and Time*, New York: Harper & Row.

Holden, I. and Stefanova, A. (2016), The Silk Road. Submission entry for Fairy Tales 2017 on 9th December 2016 (Consortium: Imogen Holden, Faulkner Brown; Assia Stefanova, Faulker Brown; Paul Rigby, Faulkner Brown; Rolf Hughes, Stockholm University of the Arts and Rachel Armstrong, Newcastle University).

Hooper, R. (2015), Medaka: The fish that helps us understand gender, *The Japan Times*, 20 June [online]. Available at: https://www.japantimes.co.jp/news/2015/06/20/national/science-health/medaka-fish-helps-us-understand-gender/#.Wi-wtCOcZZo [Accessed 11 December 2017].

Hornyak, T. (2008), Rock-Eating Bacteria 'Mine' Valuable Metals, National Geographic, 5 November [online]. Available at: http://news.nationalgeographic.com/news/2008/11/081105-bacteria-mining.html [Accessed 28 December 2016].

Howard, C. (2011), Mother trees' use fungal networks to feed the forest, Ecology, Canadian Geographic, January/February [online]. Available at: https://www.canadiangeographic.ca/magazine/jf11/fungal_systems.asp [Accessed 19 April 2014].

Howarth, S. (2000), 3 stoppages étalon (3 Standard Stoppages) 1913-14, replica 1964, Marcel Duchamp, Tate, April [online]. Available at: http://www.tate.org.uk/art/artworks/duchamp-3-stoppages-etalon-3-standard-stoppages-t07507 [Accessed 17 November 2017].

Hughes, R. (2009a), 'The art of displacement: Designing experiential systems and transverse epistemologies as conceptual criticism. Agency in architecture: Reframing criticality in theory and practice', *Footprint*, 3(4): 49–63.

Hughes, R. (2009b), 'Pressures of the unspeakable: Communicating practice as research' in J. Verbeke and A. Jakimowicz (eds), Communicating (by) Design, Proceedings of the colloquiem 'Communicating (by) Design' at Sint-Lucas Brussels from 15th–17th April 2009, Gothenberg (Chalmers) and Gent (Sint-Lucas): Chalmers University of Technology and Hogeschool voor Wetenschap & Kunst - School of Architecture Sint-Lucas, 247–59.

Hughes, R. (2014), 'In other words: Or why is it difficult to talk about why it is difficult to talk about architecture?' in J. Stillemans (ed.), *Why Is It Difficult to Talk about Architecture? – Faculté d'architecture, d'ingénierie architecturale, d'urbanisme (LOCI)*, Louvain-la-Neuve, Belgium: Presses Universitaires de Louvain.

Hughes, R. (2016a), 'Expanded research practices through living architecture', in R. Armstrong (ed.), *Living Brick for Venice: A Prototype, Exhibition and Vision by the Living Architecture (LIAR) Consortium*, Newcastle: LIAR, 25.

Hughes, R. (2016b), *Living Bricks of Venice: Vision, Prototype, Exhibition*, Newcastle: LIAR.

Hughes, R. (2016c), 'The Art of Experiment', in R. Armstrong, R. Hughes and E. Gangvik (eds), *The Handbook of the Unknowable*, Trondheim: TEKS, 82–87.

Hugill, A. (2015), *'Pataphysics: A Useless Guide*. Cambridge, MA: MIT Press.

Ieropoulos, I., Greenman, J. and Melhuish, C. (2009), 'Improved energy output levels from small-scale microbial fuel cell', *Bioelectrochemistry*, 78: 44–50.

Indursky, B. (2013), Interior Alchemy: Carlo Scarpa's Palace Querini Stampalia, *Design Life Network*, 9 December [online]. Available at: http://designlifenetwork.com/interior-alchemy-carlo-scarpas-palazzo-querini-stampalia/ [Accessed 25 August 2016].

iPlayer Radio (2016), Kumar, Armstrong, Goodall, Series 9, The Museum of Curiosity [online]. Available at: http://www.bbc.co.uk/programmes/b07lj6yh [Accessed 16 December 2016].

Jonkers, H.M. (2007), 'Self-healing concrete: A biological approach', in S. Van Der Zwaag (ed.), *Self Healing Materials. An Alternative Approach to 20 Centuries of Materials Science*, The Netherlands: Springer, 195–204.

Kauffman, S.A. (2008), *Reinventing the Sacred: A New View of Science, Reason, and Religion*, New York: Basic Books.

Kavanagh, K. (2015), '"Knitting Peace", by Cirkus Cirkör', *The Circus Diaries: A Critical Exploration of the Circus World*, 3 January [online]. Available at: http://www.thecircusdiaries.com/2015/01/03/knitting-peace-by-cirkus-cirkor/ [Accessed 1 October 2016].

Kelly, K. (2010), *What Technology Wants*, New York: Viking.

Kelvin, W.T. (1871), 'The British Association Meeting at Edinburgh', *Nature*, 4(92): 261–78.

Kenner, H. (1991), *The Pound Era*. London: Pimlico.

Latour, B. (1993), *We Have Never Been Modern*, Cambridge, MA: Harvard University Press.

Latour, B. (2013), Once out of nature: Natural religion as a pleonasm, Gifford Lecture, University of Edinburgh [online]. Available at: http://www.youtube.com/watch?v=MC3E6vdQEzk [Accessed 7 July 2017].

Latour, B. and Yaneva, A. (2008), 'Give me a gun and I will make all buildings move: An ANT's view of architecture', in R. Geiser (ed.), *Explorations in Architecture: Teaching, Design, Research*, Basel: Birkhäuser, 80–89.

Le Corbusier, C.E. (2007), *Toward an Architecture*, Los Angeles: Getty Research Institute.

Lederman, L.M. and Teresi, D. (1993), *The God Particle: If the Universe Is the Answer, What Is the Question?*, New York: Bantam Press.

Leduc, S. (1911), *The Mechanism of Life*, London: William Heinemann.

Lee, M. (2011), Oceanic ontology and problematic thought, NOOK Book/

Barnes and Noble [online]. Available at: http://www.barnesandnoble.com/w/
oceanic-ontology-and-problematic-thoughtmatt-lee/1105805765 [Accessed 19
September 2016].

Lefevbre, H. (1991), *The Production of Space*. Oxford: Wiley-Blackwell.

Lefebvre, H. (2013), *Rhythmanalysis: Space, Time and Everyday Life*, London:
Continuum.

Lehn, J.M. (1995), *Supramolecular Chemistry: Concepts and Perspectives*.
Strasbourg: John Wiley & Sons.

Leibniz, G.W., and Clarke, S. (1998). 'Correspondence', in H.G. Alexander
(Ed.). *The Leibniz-Clarke Correspondence, Together with extracts from
Newton's "Principa" and "Optiks"*, Manchester: Manchester University
Press.

Leon, D.M.A.D. (2013), 'Biological' concrete building walls grow moss, PSFK
LLC, 8 January [online]. Available at: http://www.psfk.com/2013/01/concrete-
building-moss.html [Accessed 23 August 2016].

Lewontin, R.C. (1997), Billions and Billions of Demons, The New York Review
of Books, 9 January [online]. Available at: http://www.nybooks.com/
articles/1997/01/09/billions-and-billions-of-demons/ [Accessed 17 March
2018].

Lionni, L. (1977), *Parallel Botany*, New York: Random House Inc.

Living Architecture (2016), Living Architecture LIAR – Transform our habitats
from inert spaces into programmable sites [online]. Available at: http://
livingarchitecture-h2020.eu [Accessed 18 October 2016].

Logan, W.B. (2007), *Dirt: The Ecstatic Skin of the Earth*, New York: W.W. Norton &
Company.

Loria, K. (2015), New Orleans could be wiped off the map later this century,
Business Insider UK, 4 June [online]. Available at: http://uk.businessinsider.
com/climate-change-could-destroy-new-orleans-2015-6?r=US&IR=T [Accessed
25 August 2016].

Lovelock, J.E. (1979), *Gaia: A New Look at Life on Earth*, Oxford: Oxford
University Press.

Maguire, N. (2017), Making sense of quantum weirdness, *Quark Magazine*, 29
April [online]. Available at: https://quarkmag.com/making-sense-of-quantum-
weirdness-bd687eae0a88 [Accessed 12 November 2017].

Manaugh, G. (2007), Without walls: An interview with Lebbeus Woods, *BldgBlog*,
3 October [online]. Available at: http://www.bldgblog.com/2007/10/without-
walls-an-interview-with-lebbeus-woods/ [Accessed 9 October 2016].

Matsumoto, K., Ueda, T. and Kobatake, Y. (1998), 'Reversal of thermotaxis with
oscillatory stimulation in the plasmodium of Physarum polycephalum', *J.
Theor. Biol*, 131: 175–82.

Maunder, S. (1847), 'The Biographical Treasury', in M. Heard and S. Herbert (eds),
2006. Phantasmagoria: The Secret History of the Magic Lantern, Hastings:
The Projection Box, 97.

Mayhew, R. (1997), 'Part and whole in Aristotle's political philosophy', *The Journal
of Ethics*, 1(4), 325 –40.

McFarland, B.J. (2016), A World from Dust: How the Periodic Table Shaped Life,
New York: Oxford University Press.

Medina, S. (2014), EcoLogicStudio, *Metropolis*, October [online]. Available at:
http://www.metropolismag.com/October-2014/EcoLogic-Studio/ [Accessed 9
October 2016].

Menges, A. (2015), 'Material Synthesis: Fusing the physical and the
computational', *Architectural Design*, 85(5): 8–15.

Merleau-Ponty, M. (2014), *Phenomenology of Perception*, Abingdon: Routledge.

Methé, B.A. (2012), 'A framework for human microbiome research', *Nature*, 486:
215–21.

Miller, S.L. (1953), 'A production of amino acids under possible primitive earth conditions', *Science*, 117(3046): 528–29.

Molderings, H. (2010), *Duchamp and the Aesthetics of Chance: Art as Experiment* (Columbia themes in philosophy, social criticism, and the arts), New York: Columbia University Press.

Morris, M. (2016), 'The scales of Ouroboros', in R. Armstrong (ed.), *Star Ark: A Living, Self-sustaining Spaceship*, Chichester, UK: Springer/Praxis.

Morton, T. (2007), *Ecology without Nature: Rethinking Environmental Aesthetics*, Cambridge, MA: Harvard University Press.

Morton, T. (2012), *The Ecological Thought*, Cambridge, MA: Harvard University Press.

Morton, T. (2013), *Hyperobjects: Philosophy and Ecology after the End of the World*, Minneapolis: University of Minnesota Press.

Murgoci, G.M. (1905), 'Tertiary formations of Oltenia with regard to salt, petroleum, and mineral springs', *The Journal of Geology*, 13(8), 670–712.

Musser, G. (2017), In defense of the reality of time, *Quanta*, May [online]. Available at: https://www.quantamagazine.org/a-defense-of-the-reality-of-time/?platform=hootsuite [Accessed 18 May 2017].

Negarestani, R. (2008), *Cyclonopedia: Complicity with Anonymous Materials*, Melbourne: re.press.

Newcastle University (2016), Smart bricks will give homes and offices their own 'digestive system', Press office, 27 July [online]. Available at: http://www.ncl.ac.uk/press/news/2016/07/liarlivingarchitecture/ [Accessed 16 September 2016].

Newton, I. (2007), Original letter from Isaac Newton to Richard Bentley, *The Newton Project*, October [online]. Available at: http://www.newtonproject.ox.ac.uk/view/texts/normalized/THEM00258 [Accessed 3 December 2017].

Nicholson, D.J. (2013), 'Organisms do not equal machines', *Studies in a History and Philosophy of Biological and Biomedical Sciences*, 44: 678–99.

NOAA (2017), Global Climate Report, November 2017, *National Centers for Environmental Information* [online]. Available at: https://www.ncdc.noaa.gov/sotc/global/201711 [Accessed 2 January 2018].

Northwestern University Press (2017), House of Day, House of Night, Olga Tokarczuk [online]. Available at: http://www.nupress.northwestern.edu/content/house-day-house-night [Accessed 18 November 2017].

Oliver, E. (2014–2016), Nostradamus quatrains, Chapter 1 [online]. Available at: http://www.godswatcher.com/quatrains.htm [Accessed 10 September 2016].

Oppenheimer, M. (2014), Austin's Moon Towers, beyond 'dazed and confused'. *The New York Times*, 13 February [online]. Available at: https://www.nytimes.com/2014/02/16/travel/austins-moon-towers-beyond-dazed-and-confused.html?_r=0 [Accessed 15 November 2017].

Park, S. (2012a), Another bacterial tweet, *Exploring the Invisible*, 25 November [online]. Available at: https://exploringtheinvisible.com/2012/11/25/another-bacterial-tweet/ [Accessed 4 January 2016].

Park, S. (2012b), Microbial text, *Exploring the Invisible*, 22 November [online]. Available at: https://exploringtheinvisible.com/2012/11/22/microbial-text/ [Accessed 4 January 2016].

Park, S. (2012c), 'This is microgeography', 2 November [online]. Available at: http://newmicrogeographies.blogspot.co.uk [Accessed 21 August 2016].

Patel, R. (2011), Saving Venice, *Icon Magazine*, 17 August [online]. Available at: http://www.iconeye.com/architecture/features/item/9439-saving-venice [Accessed 18 August 2016].

Peoples, L. (2016), What happens when you submerge a dress in the dead sea for two months? *Refinery 29*, 25 August [online]. Available at: http://www.refinery29.uk/2016/08/121357/underwater-dress-art-salt-dead-sea-sigalit-landau#slide [Accessed 26 August 2016].

Pfeifer, R. and Iida, F. (2005), 'Morphological computation: Connecting body, brain and environment', *Japanese Scientific Monthly*, 58(2): 48–54.

Poincare, H. (1952), *Science and Hypothesis*. New York: Dover Publications.

Ponomarova, O. and Patil, K.R. (2015), 'Metabolic interactions in microbial communities: Untangling the Gordian knot', *Current Opinion in Microbiology*, 27: 37–44.

Poole, M. and Shvartzberg, M. (2015), *The Politics of Parametricism*, London: Bloomsbury.

Prigogine, I. and Stengers, I. (1984), *Order Out of Chaos: Man's New Dialogue with Nature*, Toronto: Bantam Books.

Limited, Quite Interesting (2016), Gallery nine, QI Daily, Not dated [online]. Available at: http://qi.com/museum-gallery-9/ [Accessed 15 November 2017].

Ravera, O. (2000), 'The Lagoon of Venice: The result of both natural factors and human influence,' *Journal of Limnology*, 59(1): 19–30.

Rebanks, J. (2017), An English sheep farmer's view of rural America, *New York Times*, 1 March [online]. Available at: https://www.nytimes.com/2017/03/01/opinion/an-english-sheep-farmers-view-of-rural-america.html [Accessed 7 March 2017].

Reuter (1973), 'It's foamy, creamy: Dallas housewife battling "the blob"', Wednesday 30 May, *Toledo Blade*: Ohio, 12.

RIBA-USA (2015), Liquid happening: A Living Architecture Ball [online]. Available at: http://riba-usaleapfrogproject.evolero.com/liquid-happening-a-living-architecture-ball [Accessed 28 December 2016].

Richet, C. (2003), Various reflections on the sixth sense, *Survival after Death* [online]. Available at: http://www.survivalafterdeath.info/articles/richet/reflections.htm [Accessed 11 September 2016].

Rieland, R. (2014), Forget the 3D printer: 4D printing could change everything, *Smithsonian.com*, 16 May [online]. Available at: http://www.smithsonianmag.com/innovation/Objects-That-Change-Shape-On-Their-Own-180951449/?no-ist [Accessed 24 August 2016].

Rifkin, J. (2013), *The Third Industrial Revolution: How Lateral Power Is Transforming Energy, the Economy and the World*, New York: Macmillan.

Robson, D. (2003), The Future for architects? *Building Futures*, 12–13 [online]. Available at: http://www.buildingfutures.org.uk/assets/downloads/The_Future_for_Architects_Full_Report_2.pdf [Accessed 17 September 2016].

Romm, C. (26 January 2015), How sticks and shell charts became a sophisticated system for navigation, *Smithsonian.com* [online]. Available at: http://www.smithsonianmag.com/smithsonian-institution/how-sticks-and-shell-charts-became-sophisticated-system-navigation-180954018/ [Accessed 24 December 2016].

Rose, B. (2014), Rethinking Duchamp, *The Brooklyn Rail*, 18 December [online]. Available at: https://brooklynrail.org/2014/12/art/rethinking-duchamp [Accessed 23 November 2017].

Roth, A. (2015), Plastic eating mushrooms could save the world, *Modern Farmer*, 6 January [online]. Available at: http://modernfarmer.com/2015/01/plastic-eating-mushrooms-save-world/ [Accessed 28 December 2016].

Rowlinson, A. (2012), 'The Woman Regrowing the Planet', *Red Bulletin*, Vienna: Red Bull Media House, 76–81.

Ruskin, J. (1989), *The Seven Lamps of Architecture*, Mineola: Dover Publications.

Sagan, L. (1967), 'On the Origin of Mitosing Cells', *Journal of Theoretical Biology*, 14(3): 225–74.

Scarpa, T. (2009), *Venice Is a Fish: A Cultural Guide*, London: Serpents Tail.

Schiller, B. (2014), This algae-powered building actually works, *Co.Exist*, 16 July [online]. Available at: http://www.fastcoexist.com/3033019/this-algae-powered-building-actually-works [Accessed 19 August 2016].

Schrödinger, E. (1944), What is life? The physical aspect of the living cell. Based on lectures delivered under the auspices of the Dublin Institute for Advanced Studies at Trinity College, Dublin, in February 1943 [online]. Available at: http://whatislife.stanford.edu/LoCo_files/What-is-Life.pdf [Accessed 16 October 2016].

Schrödinger, E. (2012), *What Is Life? With Mind and Matter and Autobiographical Sketches*, Cambridge: Cambridge University Press.

Self, J. (2015), Does Politics Have Any Place in Architecture? *The Architectural Review*, 30 September [online]. Available at: https://www.architectural-review.com/archive/does-politics-have-any-place-in-architecture/8688945.article [Accessed 15 September 2016].

Serres, M. (2016), *The Five Senses: A Philosophy of Mingled Bodies*, London: Bloomsbury Academic.

Shepherd, R., Stokes, A.A., Freake, J., Barber, J.R., Snyder, P.W., Mazzeo, A.D., Cademartiri, L., Morin, S.A. and Whitesides, G.M. (2013), 'Using Explosions to Power a Soft Robot', *Angewandte Chemie International Edition*, 52: 2892–96.

Sim, D. (2015), EU migrant crisis: Hungary completes razor wire fence and is closing Croatia border, *International Business Times*, 16 October [online]. Available at: http://www.ibtimes.co.uk/eu-migrant-crisis-hungary-completes-razor-wire-fence-closing-croatia-border-1524370 [Accessed 26 August 2016].

Spiller, N. (2016), Surrealism in architecture is more relevant than ever, *Building Design*, 14 November [online]. Available at: http://www.bdonline.co.uk/surrealism-in-architecture-is-more-relevant-than-ever/5084837.article [Accessed 16 December 2016].

Spinney, L. (2012), Searching for Doggerland, *National Geographic*, December [online]. Available at: http://ngm.nationalgeographic.com/2012/12/doggerland/spinney-text [Accessed 25 August 2016].

Steadman, I. (2013), Hamburg unveils world's first algae-powered building, *Wired*, 16 April [online]. Available at: http://www.wired.com/design/2013/04/algae-powered-building/ [Accessed 9 October 2016].

Steinberg, P and Peters, K. (2015), 'Wet Ontologies, fluid spaces: Giving depth to volume through oceanic thinking', *Environ Plan D*, 33(2): 247–64.

Steinmeyer, J. (2008), The man who created the Fortean Times, *The Telegraph*, 27 April [online]. Available at: http://www.telegraph.co.uk/culture/books/3672959/The-man-who-created-the-Fortean-Times.html [Accessed 11 November 2017].

Stelarc (2006), Stomach sculpture [online]. Available at: http://stelarc.org/?catID=20349 [Accessed 12 November 2016].

Sterling, B. (2011), Glitch by Simon Park, *Wired*, 7 August [online]. Available at: https://www.wired.com/2011/08/glitch-by-simon-park/ [Accessed 4 January 2016].

Stromberg, J. (2013), How do Death Valley's 'Sailing Stones' move themselves across the desert? *Smithsonian.com*, 9 June [online]. Available at: http://po.st/l41gGq [Accessed 24 August 2016].

Szewczyk, S. (2015), Biohacking the future of New York City with Terreform ONE, *Tech Times*, 29 December [online]. Available at: http://www.techtimes.com/articles/119968/20151229/biohacking-the-future-of-new-york-city-with-terraform-one.htm [Accessed 9 October 2016].

Teatini, P., Castelletto, N., Ferronato, M., Gambolati, G. and Tosi, L. (2011), 'A new hydrogeologic model to predict anthropogenic uplift of Venice', *Water Resources Research*, 47(12): W12507.

TEDxLausanne (2016), Blockchain demystified, Daniel Gasteiger [online]. Available at: https://www.youtube.com/watch?v=40ikEV6xGg4 [Accessed 10 December 2016].

The Science Team (2016), The thinking machine: W. Ross Ashby and the Homeostat, *Science blog*, Library, British, 20 April [online]. Available at: http://blogs.bl.uk/science/2016/04/the-thinking-machine.html [Accessed 10 October 2016].

Traube, M. (1867), 'Experimente zur Theorie der Zellbildung und Endomose', *Archiv fur Anatomie, Physiologie und Wissenschaftliche Medicin*, 87: 129–65.

Uppsala Universitet (2008), Linnaeus as a mineralogist, On Linné [online]. Available at: http://www2.linnaeus.uu.se/online/history/mineralog.html [Accessed 17 March 2018].

Van Mensvoort, K. and Grievink, H.J. (2012), *Next Nature: Nature Changes along with Us*, Barcelona: Actar.

Venter, J.C. (2007), *A Life Decoded: My Genome, My Life*, London: Allen Lane.

Vernadsky, V.I. (1998), *The Biosphere*, New York: Peter A. Nevraumont Books.

Von Bertalanffy, L. (1950), 'The theory of open systems in physics and biology', *Science*, 111, 23–29.

Ward, C. (2015), Review: Seizure at the Yorkshire Sculpture Park, *The State of the Arts*, 9 February [online]. Available at: http://www.thestateofthearts.co.uk/features/review-seizure-at-the-yorkshire-sculpture-park/ [Accessed 7 March 2017].

Watson, J.D. and Crick, F.H.C. (1953), 'A Structure for Deoxyribose Nucleic Acid', *Nature*, 171: 737–38.

Wei-Haas, M. (2016), Life and rocks may have co-evolved on earth, Smithsonian Magazine, 13 January [online]. Available at: https://www.smithsonianmag.com/science-nature/life-and-rocks-may-have-co-evolved-on-earth-180957807/ [Accessed 15 November 2017].

Werman, M. (2013), How the Dutch are helping New Orleans stay dry, *PRI's The World*, 29 August [online]. Available at: http://www.pri.org/stories/2013-08-29/how-dutch-are-helping-new-orleans-stay-dry [Accessed 24 August 2016].

Windsor, A. (2015), Inside Venice's bid to hold back the tide, *The Guardian*, 16 June [online]. Available at: https://www.theguardian.com/cities/2015/jun/16/inside-venice-bid-hold-back-tide-sea-level-rise [Accessed 31 December 2016].

Wingfield, C. (2010), 'A case re-opened: The science and folklore of a "Witch's Ladder"', *Journal of Material Culture*, 15(3): 302–22.

Woese, C. (2004), 'A new biology for a new century', *Microbiology and Molecular Biology Reviews*, 68, 178–86.

Wolchover, N. (2014), A new physics theory of life, *Quanta*, 22 January [online]. Available at: https://www.quantamagazine.org/20140122-a-new-physics-theory-of-life/ [Accessed 10 November 2016].

Woods, L. (2010a), Da Vinci's Blobs, Lebbeus Woods, 3 December [online]. Available at: https://lebbeuswoods.wordpress.com/2010/12/03/da-vincis-blobs/ [Accessed 17 March 2018].

Woods, L. (2010b), Knots: The architecture of problems, *Lebbeus Woods*, 12 October [online]. Available at: https://lebbeuswoods.wordpress.com/2010/10/12/knots-the-architecture-of-problems/ [Accessed 10 September 2016].

Woods, L. (2010c), The Experimental, *Lebbeus Woods*, 12 August [online] Available at: https://lebbeuswoods.wordpress.com/2010/08/12/the-experimental/[Accessed 9 October 2016].

Woods, L. (2012a), A tree is a tree is a … building? *Lebbeus Woods*, 27 January [online]. Available at: http://lebbeuswoods.wordpress.com/2012/01/27/a-tree-is-a-tree-is-a-building/ [Accessed 22 May 2014].

Woods, L. (2012b), Inevitable architecture. *Lebbeus Woods*, 9 July [online].

Available at: https://lebbeuswoods.wordpress.com/2012/07/09/inevitable-architecture/ [Accessed 15 September 2016].

Yeager, A. (2017), Discoveries fuels flight over universe's first light, Quanta Magazine, 19 May [online]. Available at: https://www.quantamagazine.org/discoveries-fuel-fight-over-universes-first-light-20170519/?utm_content=bufferd7c6d&utm_medium=social&utm_source=twitter.com&utm_campaign=buffer [Accessed 24 June 2017].

Yiannoudes, E. (2016), *Architecture and Adaptation: From Cybernetics to Tangible Computing*. Abingdon: Routledge.

Young, L. and Manaugh, G. (2010), *Thrilling Wonder Stories* [online]. Available at: http://thrillingwonderstories.co.uk [Accessed 28 October 2016].

Zellner, P. (2016), Architectural education is broken – here's how to fix it, *The Architect's Newspaper*, 16 September [online]. Available at: http://archpaper.com/2016/09/architectural-education-broken-fix/ [Accessed 18 September 2016].

Zhabotinsky, A.M. (1964), Periodic processes of malonic acid oxidation in a liquid phase, *Biofizika*, 9, 306–11.

Zhang, D., Györgyi, L. and Peltier, W.R. (1993), 'Deterministic chaos in the Belousov–Zhabotinsky reaction: Experiments and simulations', *Chaos: An Interdisciplinary Journal of Non-linear Science*, 3(4): 723–45.

Žižek, S. (2011), *Living in the End Times*, London: Verso.